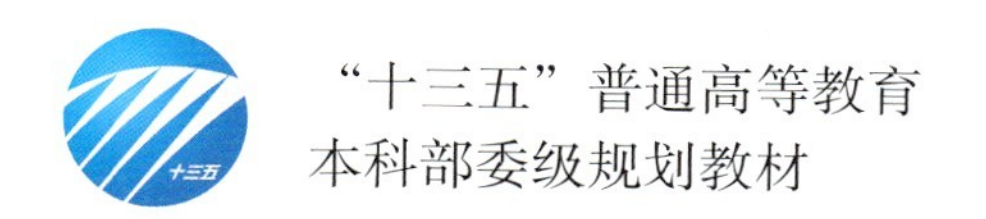

# 时装画艺术表现技法

周梦　黄梓桐　编著

中国纺织出版社

## 内容提要

本书是一部集时装画技法的教授、时装绘画相关文化的学习、优秀时装画作品赏析三位一体的专业教材。本教材的基本内容包括了以下部分：时装画及其相关概念、时装绘画的历史与溯源、人体造型与服饰局部的塑造、时装画技法与步骤表现、常用绘画工具与常用服装肌理表现、时装画相关艺术风格的梳理，以及对近五十幅时装画作品的赏析。

本书可作为各类服装设计专业教材，也可供服装设计爱好者自学参考。

**图书在版编目（CIP）数据**

时装画艺术表现技法／周梦，黄梓桐编著．—北京：中国纺织出版社，2016.11

“十三五”普通高等教育本科部委级规划教材

ISBN 978-7-5180-3042-2

Ⅰ．①时…　Ⅱ．①周…　②黄…　Ⅲ．①时装—绘画技法—高等学校—教材　Ⅳ．①TS941.28

中国版本图书馆CIP数据核字（2016）第252322号

---

策划编辑：孙成成　金　昊　　责任编辑：杨　勇　　责任校对：王花妮
责任设计：何　建　　责任印制：王艳丽

---

中国纺织出版社出版发行
地址：北京市朝阳区百子湾东里A407号楼　邮政编码：100124
销售电话：010－67004422　传真：010－87155801
http://www.c-textilep.com
E-mail：faxing@c-textilep.com
中国纺织出版社天猫旗舰店
官方微博http://weibo.com/2119887771
北京市雅迪彩色印刷有限公司印刷　各地新华书店经销
2016年11月第1版第1次印刷
开本：787×1092　1/16　印张：10
字数：81千字　定价：49.80元

---

# 前言

Preface

本书是针对时装画的艺术表现这一时装设计专业学生普遍需要学习的课程所撰写的教科书。

本书体现了作者对时装绘画教学的思考，若将时装画进行艺术的表现必须解决三方面的问题：一是“脑”，解决这个问题需要对时装绘画的相关概念有清晰准确的认识，并对时装绘画的历史尤其是20世纪的发展脉络有一个基本的感性认知，用这些相关的知识与理论装备头脑可以使创作更为深入。二是“手”，在解决了“脑”所代表的认识论问题之后，就要落实到手上的功夫，在这个阶段需要教师在分项攻克的基础上，根据每个同学不同的情况因材施教，逐渐锻炼与培养学生，使其掌握时装绘画的基本功。三是“眼”，在解决了“脑”和“手”之后，就要解决如何达到“艺术表现”这一层次的问题，画时装画不难，但要达到艺术表现的程度就要有“眼”，这个“眼”就是眼界。笔者认为学生学习中普遍存在的“眼高手低”的问题并不可怕——因为它可以通过不断加强对“手”的练习来解决；而没有鉴赏和吸收的能力甚至不辨优劣，则是创作向前发展难于逾越的瓶颈。解决这个问题就需要多看、多借鉴、多吸收优秀的时装画作品乃至其他相关艺术风格作品的精髓。

本书根据以上思路设置了三大板块共五章的内容：第一章为“时装画概述”，分为“时装画及相关概念”“时装绘画的历史与溯源”两节，解决的是“脑”的问题；第二章为“人体造型与局部表现”，分为“人体造型与人体局部的表现”“服饰局部的表现”两节；第三章为“时装画技法与表现”，分为“时装画的基本步骤”“常用绘画工具的表现技法”“服饰肌理的表现技法”三节，这两章解决的是“手”的问题；第四章为“艺术风格与借鉴”，因篇幅所限只列举了三种艺术风格——“唯美主义风格”“新艺术运动风格”“装饰艺术运动风格”，旨在抛砖引玉，激发学生们触类旁通，开阔眼界多作借鉴；第五章为“时装画作品赏析”，以评鉴的形式展现数十幅时装绘画优秀作品，这两章解决的是“眼”的问题。

通过对这三个层次问题的解决，让学生逐步掌握对时装画进行艺术表现的能力，这是本书希望达到的教学目的。

周梦

2016年3月1日

## 教学内容与课时安排

<table>
<tr><th>章</th><th>课时性质</th><th>课时安排</th><th>节</th><th>课程内容</th><th>课后练习</th></tr>
<tr><td rowspan="2">第一章<br>时装画<br>概述</td><td rowspan="2">基础理论<br>与专业知识</td><td rowspan="2">6 课时</td><td>一</td><td>时装画及相关概念</td><td rowspan="2"></td></tr>
<tr><td>二</td><td>时装绘画的历史与溯源</td></tr>
<tr><td rowspan="2">第二章<br>人体造型<br>与局部表现</td><td rowspan="5">专业知识<br>与专业技能</td><td rowspan="2">10 课时</td><td>一</td><td>人体造型与人体局部的表现</td><td rowspan="2">作业 2 张</td></tr>
<tr><td>二</td><td>服饰局部的表现</td></tr>
<tr><td rowspan="3">第三章<br>时装画<br>技法与表现</td><td rowspan="3">12 课时</td><td>一</td><td>时装画的基本步骤</td><td rowspan="3">作业 2 张</td></tr>
<tr><td>二</td><td>常用绘画工具的表现技法</td></tr>
<tr><td>三</td><td>服饰肌理的表现技法</td></tr>
<tr><td rowspan="3">第四章<br>艺术风格<br>与借鉴</td><td rowspan="14">专业鉴赏<br>与专业知识</td><td rowspan="3">6 课时</td><td>一</td><td>唯美主义风格</td><td rowspan="3">作业 1 张</td></tr>
<tr><td>二</td><td>新艺术运动风格</td></tr>
<tr><td>三</td><td>装饰艺术运动风格</td></tr>
<tr><td rowspan="11">第五章<br>时装画<br>作品赏析</td><td rowspan="11">6 课时</td><td>一</td><td>时装画作品赏析·类型一</td><td rowspan="11">作业 1 张</td></tr>
<tr><td>二</td><td>时装画作品赏析·类型二</td></tr>
<tr><td>三</td><td>时装画作品赏析·类型三</td></tr>
<tr><td>四</td><td>时装画作品赏析·类型四</td></tr>
<tr><td>五</td><td>时装画作品赏析·类型五</td></tr>
<tr><td>六</td><td>时装画作品赏析·类型六</td></tr>
<tr><td>七</td><td>时装画作品赏析·类型七</td></tr>
<tr><td>八</td><td>时装画作品赏析·类型八</td></tr>
<tr><td>九</td><td>时装画作品赏析·类型九</td></tr>
<tr><td>十</td><td>时装画作品赏析·类型十</td></tr>
<tr><td>十一</td><td>时装画作品赏析·类型十一</td></tr>
<tr><td colspan="3">总课时：40 课时</td><td colspan="3">总作业量：6 张</td></tr>
</table>

**注** 各校可根据实际情况对教学内容和课时数进行调整。

## 基础理论与专业知识

**第一章**

**时装画概述 / 1**

第一节　时装画及相关概念 / 2

一、时装画 / 2

二、服装效果图 / 3

三、时装设计草图 / 3

四、服装结构图 / 8

五、面料灵感 / 11

六、范例：一套时装设计样本 / 13

第二节　时装绘画的历史与溯源 / 16

一、20世纪初至20世纪10年代 / 17

二、20世纪20年代 / 21

三、20世纪30年代 / 21

四、20世纪40年代 / 22

五、20世纪50年代 / 26

六、20世纪60年代 / 27

七、20世纪70年代 / 29

八、20世纪80年代 / 31

九、20世纪90年代至21世纪 / 31

本章小结 / 33

思考题 / 33

## 专业知识与专业技能 / 34

### 第二章

### 人体造型与局部表现 / 35

#### 第一节　人体造型与人体局部的表现 / 36

一、全身人体的表现 / 36

二、人体局部的表现 / 39

#### 第二节　服饰局部的表现 / 51

一、帽子 / 51

二、围巾 / 52

三、太阳镜 / 53

四、包 / 54

五、鞋 / 55

六、首饰 / 57

本章小结 / 62

思考题 / 62

第三章

## 时装画技法与表现 / 63

第一节　时装画的基本步骤 / 64

一、基本步骤 / 64

二、时装画步骤范例解读 / 74

第二节　常用绘画工具的表现技法 / 82

一、彩色铅笔的表现技法 / 82

二、水粉的表现技法 / 83

三、水彩的表现技法 / 84

四、马克笔的表现技法 / 85

五、油画棒的表现技法 / 86

六、色粉笔的表现技法 / 86

七、水墨的表现技法 / 87

八、拼贴和混合媒介的表现技法 / 88

九、软件数字化着色和渲染的表现技法 / 89

第三节　服饰肌理的表现技法 / 91

一、绸缎肌理表现技法 / 91

二、蕾丝肌理表现技法 / 92

三、雪纺肌理表现技法 / 92

四、棉布肌理表现技法 / 93

五、毛呢肌理表现技法 / 94

六、皮革肌理表现技法 / 94

七、皮草肌理表现技法 / 96

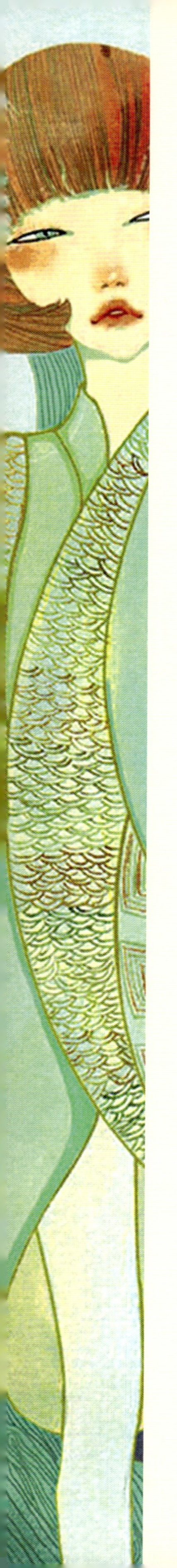

八、针织肌理表现技法 / 97

九、刺绣肌理表现技法 / 98

本章小结 / 99

思考题 / 99

## 专业鉴赏与专业知识 / 100

**第四章**

## 艺术风格与借鉴 / 101

### 第一节　唯美主义风格 / 103

一、但丁·加百利·罗塞蒂 / 103

二、约翰·艾瓦瑞特·米雷斯 / 104

三、阿瑟·修治 / 105

四、约翰·威廉姆·渥特豪斯 / 106

### 第二节　新艺术运动风格 / 107

一、奥博利·比亚兹莱 / 108

二、阿尔夫斯·默哈 / 112

三、勒内·拉力克 / 114

四、乔治·弗奎特 / 115

### 第三节　装饰艺术运动风格 / 117

一、保罗·波烈 / 117

二、雅克·杜塞 / 118

三、简·巴杜 / 119

四、帕康夫人 / 120

五、乔治·巴比亚 / 121

六、埃尔泰 / 121

本章小结 / 122

思考题 / 122

## 第五章

## 时装画作品赏析 / 123

第一节　时装画作品赏析 · 类型一 / 124

第二节　时装画作品赏析 · 类型二 / 128

第三节　时装画作品赏析 · 类型三 / 131

第四节　时装画作品赏析 · 类型四 / 133

第五节　时装画作品赏析 · 类型五 / 136

第六节　时装画作品赏析 · 类型六 / 138

第七节　时装画作品赏析 · 类型七 / 140

第八节　时装画作品赏析 · 类型八 / 142

第九节　时装画作品赏析 · 类型九 / 144

第十节　时装画作品赏析 · 类型十 / 146

第十一节　时装画作品赏析 · 类型十一 / 147

本章小结 / 148

思考题 / 148

## 参考文献 / 149

## 后记 / 150

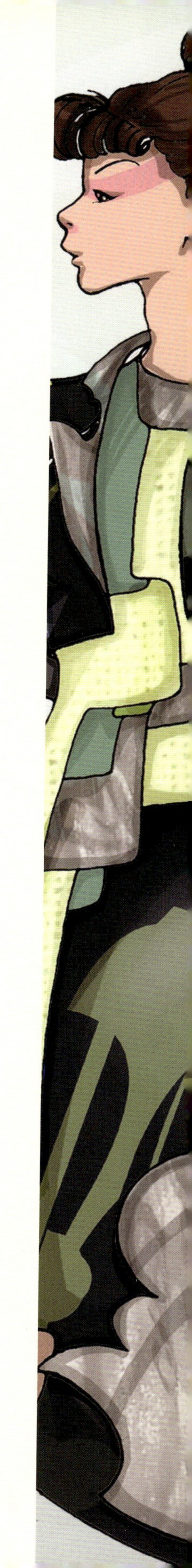

# 基础理论与专业知识

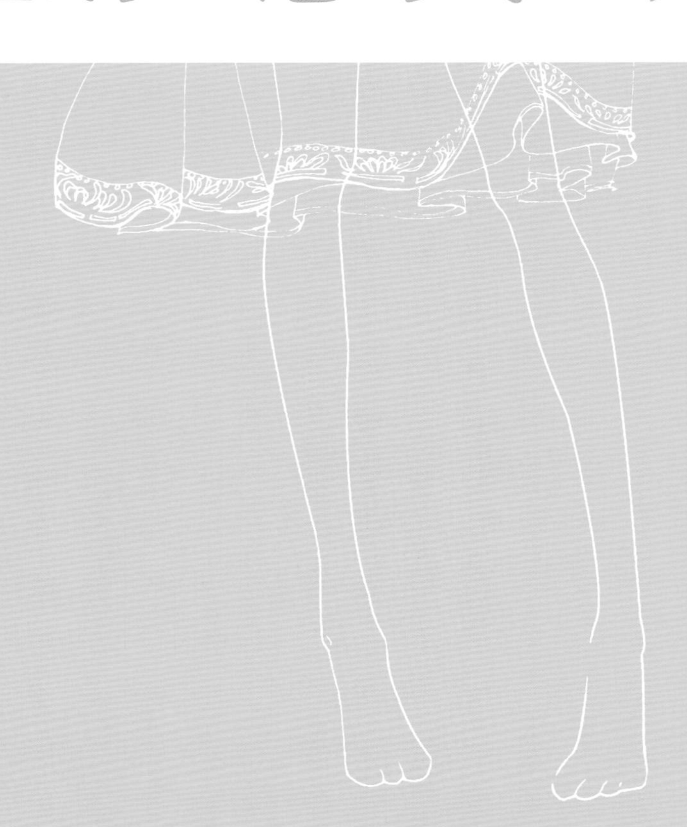

# 第一章

# 时装画概述

**教学内容：** 时装画的基本概念及相关概念。

时装绘画的历史与溯源。

**教学时间：** 6课时。

**教学方式：** 教师授课、师生共同讨论。

**教学媒介：** 利用多媒体授课，采取PowerPoint图文结合的形式。

# 第一节 时装画及相关概念

## 一 时装画

在服装设计领域，人们对“时装画”这个名词并不陌生。在英文中，与“时装画”相对应的词汇是Fashion Illustration，是由两个词汇Fashion与Illustration组成的。Fashion一词作名词时，有“时装”“时尚”“风尚”“潮流”以及“流行的样式、风格”等诸多释义。Illustration包含有“插图”“插画”“书”“图解”或“杂志的图画”等释义，因此，Fashion Illustration的释义也可以理解为“时装插画”。

时装插画是对文字所无法直观陈述的内容以图形的形式做补充，同时它还承担装饰版面的作用。随着时代的发展，时装插画形式与功能也逐渐发生了变化——它并不只是作为对文字内容的补充而存在，而是承担了更多的传播功能和审美表达功能，是视觉传达中的重要组成部分。Fashion Illustration是插画的一个分支，它是伴随着“时装”这个概念的产生而产生的。在对Fashion Illustration进行中文定义时以“时装画”似乎更佳——这是因为与“时装插画”相比，“时装画”更趋近于独立的作品，它既可以是对文字的补充说明也可以是独立的存在。此外，Fashion Illustrator也可以意为“时装画画家”或“服饰图画家”。

“时装画”是表达时装信息的一种媒介，是围绕“时装”而展开的，是一种将时装设计与相关构思用图像形式进行表达的绘画形式。根据艺术风格的不同，“时装画”的表达风格既可以是较为写实的，也可以是较为艺术的。

在本书中，我们探讨的是如何通过写实的分项训练（包括对人体及各个部位、服装的组成部分、绘画步骤、面料肌理表达、绘画工具技法表达）来达到对时装类绘画的艺术表达。

## 二 服装效果图

“服装效果图”是对英语Fashion Sketch的中文意译。Sketch作为名词时有“素描”“速写”“草图”之意，可谓是对设计意识的具体化体现。“服装效果图”是指将人体穿着所设计的服装后的效果以图像的形式表现出来的绘画形式。与“时装画”相比，“服装效果图”承载着更多的功能性——作为服装设计中一个重要的表达环节，服装效果图可将设计者的设计构思展现为可视的形象，因此它具有很强的实用性，它不仅可以体现设计者的设计意图、设计风格和个性，还可以表达所设计主题的款式设计、色彩搭配、服饰细节乃至服装材料，它的存在可谓是服装设计有机整体的重要组成部分。

除了将着装效果表现出来以外，“服装效果图”还可以包括服装结构说明的部分，并将每款服装的正视图与背视图相结合呈现出来，一份完整的“服装效果图”要真实而生动地表现出服装作品的特点，包括服装的款式结构、装饰配件及工艺特点等要素，还有一些服装效果图包括面料小样的设计说明。在对“服装效果图”的表达过程中，还需要社会流行与时尚因素，并结合服装市场定位，提高设计的完整性。

## 三 时装设计草图

时装设计草图是快速地捕捉设计者瞬间的灵感思维的符号性记录方式。不同于服装效果图的完整性与完成性，时装设计草图具有瞬时性，是记录设计者在较短的时间内所产生的设计思维的图像，具有概括性和及时性的特征。

在进行时装设计草图的创作时，较少受到时间、地点和工具的影响。很多设计者都可以在三五分钟的时间内在随意的桌子上勾勒出一张时装设计草图；当设计灵感来“敲门”时，一截铅笔头、一块碎纸片都可以是记录作画者此时思绪的工具。时装设计草图突出的是对设计者瞬时思路的记录，可能是某个廓型，可能是上下衣的某种搭配形式，也可能是某种色彩的组合（可以用彩笔约略的渲染、也可以用文字标注），因此时装设计草图可以省略人体的某些细节、甚至省略人体仅画衣着，并不需要追求视觉效果上的完整性。以下是经过整理完善的时装设计草图，其中图1-9～图1-11是根据某个主题所做的系列草图。

## 1. 时装设计草图范例（图1-1~图1-8是经过整理完善的时装设计草图）

图1-1 时装设计草图1

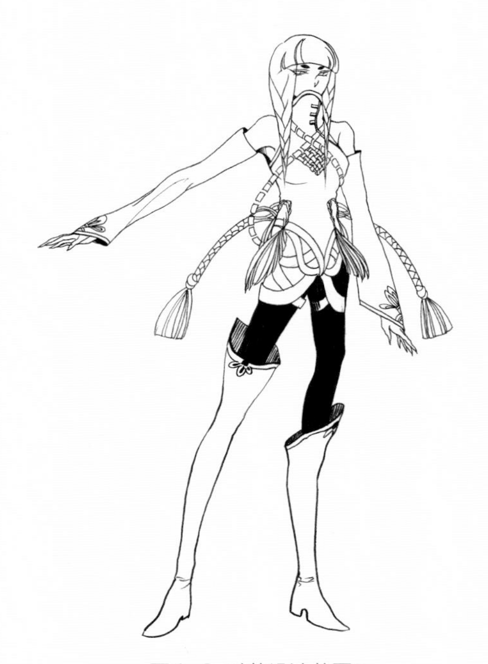

图1-2 时装设计草图2

图1-3 时装设计草图3

图1-4 时装设计草图4

图1-5 时装设计草图5

图1-6 时装设计草图6

图1-7 时装设计草图7

图1-8 时装设计草图8

## 2. 时装设计系列草图范例（系列一）（图1-9）

图1-9 时装设计系列草图1

## 3. 时装设计系列草图范例（系列二）（图1-10）

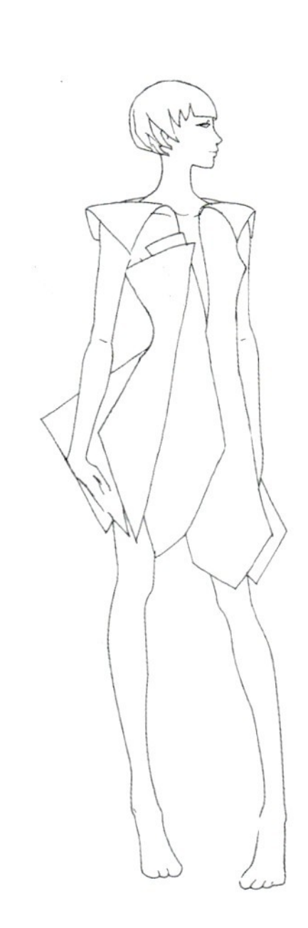

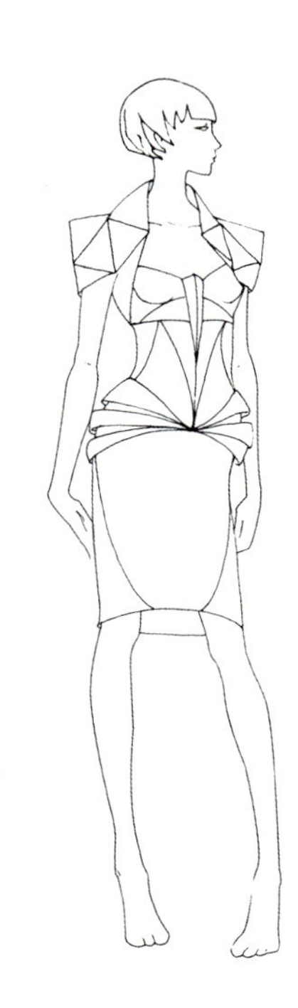

图1-10 时装设计系列草图2

## 4. 时装设计系列草图范例（系列三）（图1-11）

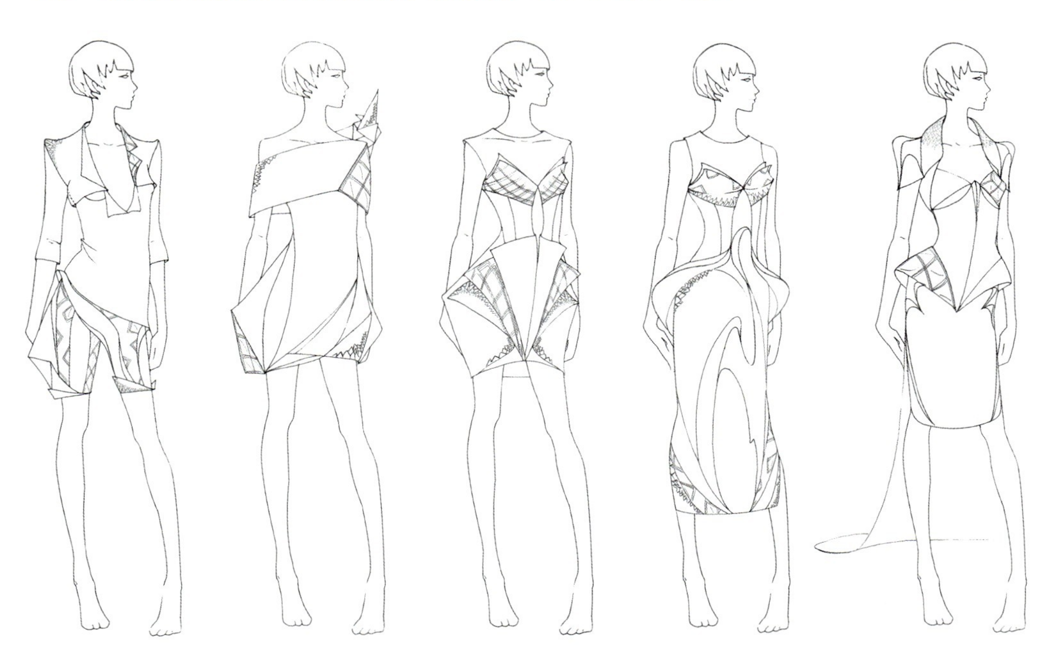

图1-11

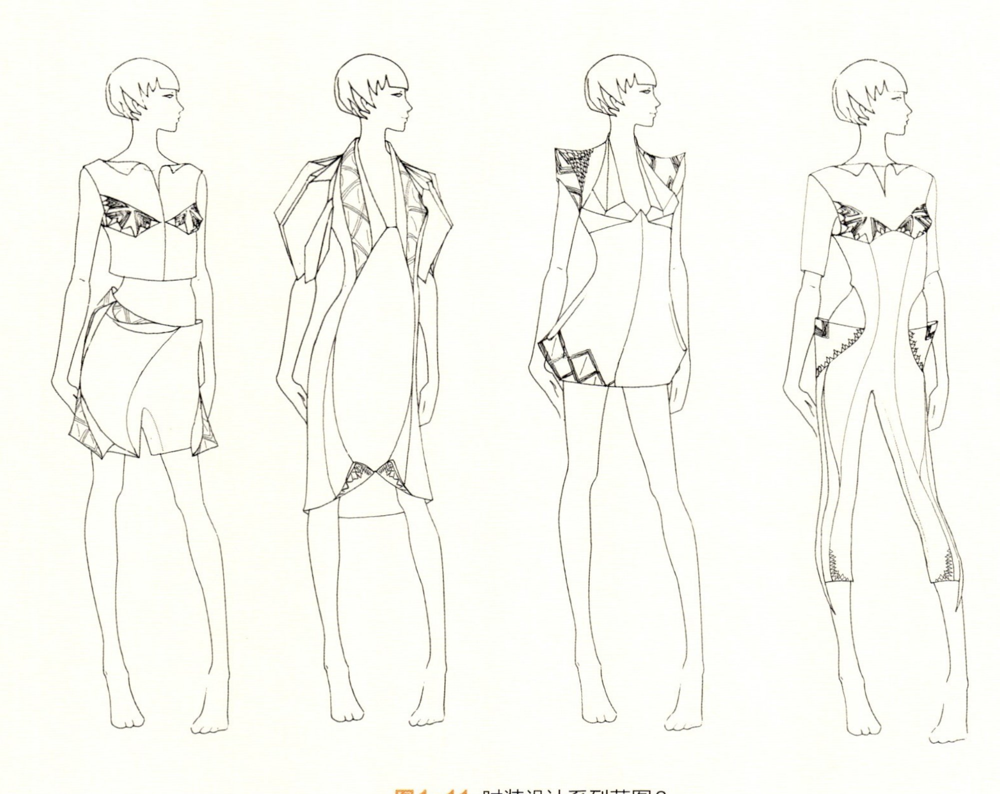

图1-11 时装设计系列草图3

## 四 服装结构图

服装结构图是展现服装具体结构组成的图像形式，它的作用在于将服装设计者所设计的服装细化为可准确操作的款式说明。与前文的“时装画”“服装效果图”“时装设计草图”相比，服装结构图所蕴含的艺术性最低但实用性最高，它还是对准确性和可操作性要求最高的服装图像形式。服装结构图表现了更为细化的服装款式细节、装饰细节以及结构特征。服装结构图要求结构清晰、比例准确、画面工整，更侧重于功能性和说明性。工业用服装效果图还应该能够成为下一步打板、裁制过程的指导依据，除了准确地表现服装的正面、背面和应注意的局部图外，还需标注一些具体的细节，如口袋的尺寸、省的位置、线缉的宽窄等，从这个角度上来说，服装结构图是将艺术设计转化为可操性服装的成衣之间的重要桥梁。

## 1. 服装结构图范例（图1-12~图1-15）

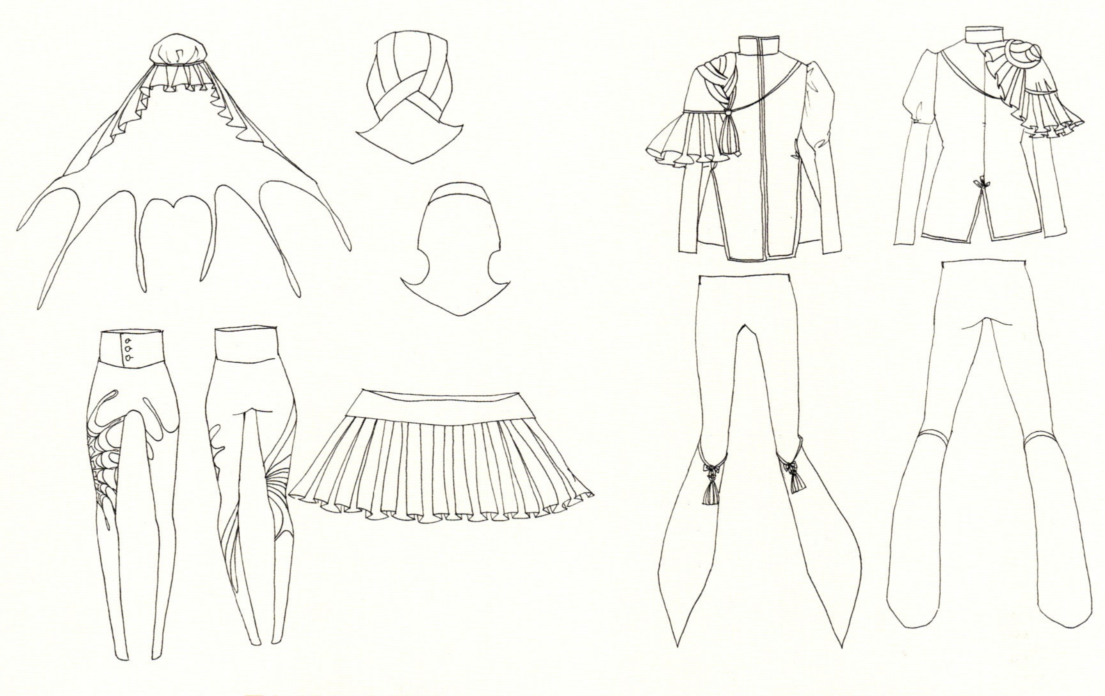

图1-12 服装结构图1

图1-13 服装结构图2

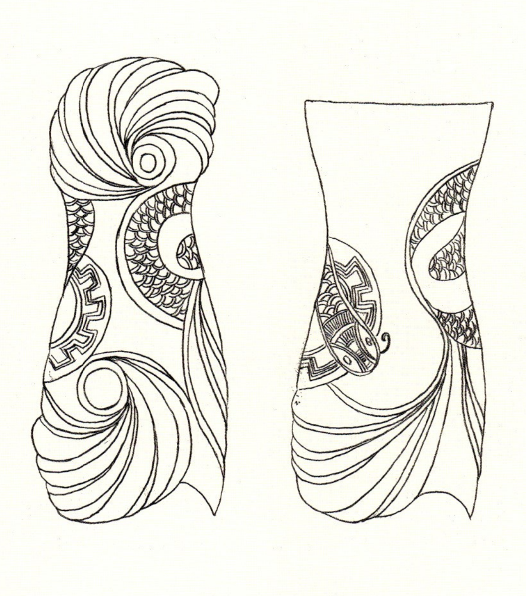

图1-14 服装结构图3

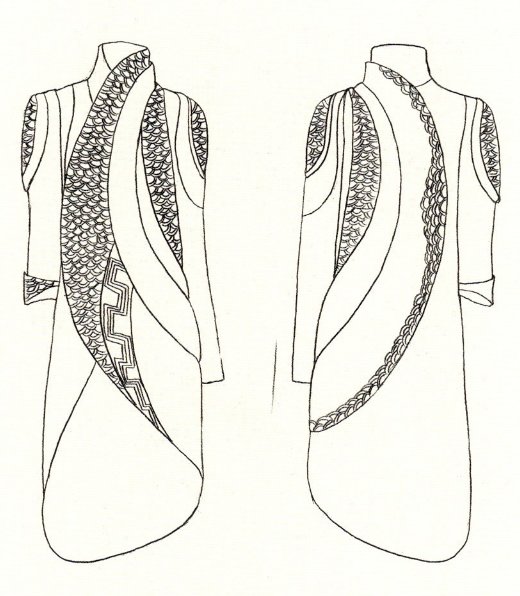

图1-15 服装结构图4

## 2. 系列服装结构图范例（图1-16、图1-17）

图1-16 服装系列结构图1

图1-17 服装系列结构图2（着色）

### 3. 服装效果图和结构图组合范例（图1-18）

图1-18 服装效果图及其结构图

## 五 面料灵感

几乎所有的服装设计师都在运用“色彩、面料、款式”这三大服装语言来创新设计。但从实际市场来看，会出现一些品牌推出的系列由于长期的相互参照而大同小异的现象。在这种情势下，不少外国品牌设计师拿起了“面料改造”的“武器”，在面料的改造上创出自己的个性风格。

从面料供应商那里采购的面料，就像从文具店买回来的原装颜料，它们必须经设计者的调配混合，并融入其思想，才能创作出杰作。服装设计师依照自己的“灵感来源”对面料进行打褶、绗缝、破洞、洗水、编织等改造，使之产生了新的表面触觉肌理和视觉肌理。

在实践中，设计师在完成灵感来源图之后，从中提取到单型或者复型，或者肌理组织之后，再用各种裁剪、车缝的加工手法对面料进行改造（图1-19）。

图1-19 服装效果图及其面料设计图

## 六 范例：一套时装设计样本

### 1. 草图（图1-20）

图1-20“皮影”主题设计系列草图

## 2. 效果图（图1-21）

图1-21“皮影”主题设计系列效果图

## 3. 细节图（图1-22、图1-23）

图1-22“皮影”主题设计系列细节图1

图1-23“皮影”主题设计系列细节图2

## 4. 面料小样（图1–24）

图1–24 “皮影”主题设计系列面料小样

## 5. 色彩小样（图1–25）

图1–25 “皮影”主题设计系列色彩小样

## 第二节 时装绘画的历史与溯源

时装绘画是一门古老又时尚的艺术。它是“古老”的，这是因为“衣裳”与人是如此息息相关，所以如果上溯历史，对它的描绘最早可以追溯到16世纪；它又是“时尚”的，随着时尚业以及时装产业的发展，在百年以来，时装绘画又被赋予新的内容、形式与标准。

自20世纪初年以来，以绘画的形式来表现服装，逐渐成为设计者与市场以及大众之间的较为常用的沟通手段，同时，时装绘画也对时装款式更新流行以及传播发挥了重要的作用。

时装绘画是一个非常有趣的艺术门类，在不同的时代它体现出不同的风格特征，流露出与时代相关的气息。

19世纪下半期的时装绘画作品主要是为满足裁缝按图裁剪的需要，它更像是一种时装样式图板，兼具产品目录与广告的双重作用。到19世纪末20世纪初，受到“新艺术运动”（Art Nouveau）“装饰艺术运动”（Art Deco）等诸多艺术风潮的影响，时装绘画的风格也有很大的转变：装饰性的造型、整洁有序的画面，以及曲线型的植物装饰都形成了风格的表达。

20世纪初期，时装绘画被法国*Gazette du Bon Ton*、*VOGUE*等杂志作为封面，产生了一批时装画家。到20世纪 30年代，卡尔·埃里克森（Carl Erikson）和勒内·波耶特·威廉姆斯（René Bouet Willaumez）等画家以成熟、充满都市气息的画风为时装绘画增添了一股现实主义风采。20世纪30年代以后的时装绘画还受到野兽主义、表现主义及超现实主义等现代艺术的影响，注重表现力，形式更加单纯化、抽象化。

1867年创刊的*HARPER'S BAZAAR*等时尚杂志对时装绘画的发展起到了举足轻重的作用，但在第二次世界大战前后，作为19世纪最伟大的发明之一的摄影术因其在记录对象的真实性上的绝对优势使得时装摄影逐渐取代时装绘画的主体地位，成为时尚杂志的主要组成部分。随着这个时期的时装摄影作品无论在模特的姿势还是作品的风格上都不可避免地受到时装绘画的影响，但因其无可取代的写实再现功能，时装绘画终于还是被其全部或部分取代，占据杂志内页的内容。由于上述原因，时装绘画悄悄开始了其角色的转变——它将对服装的写实功能让位于时装摄影，转而更多地来体现设计对灵感的捕捉以及对设计理念的阐述，即更多地体现了时装的“艺术性”的光彩。

20世纪五六十年代，随着时装摄影技术的日趋成熟，时装绘画越来越多地被应用于对服装广告的表现以及对内衣、配饰、香水等方面的描绘上。如勒内·格鲁瓦（René Gruau）为非常著名的克里斯汀·迪奥（Christian Dior）香水创造的广告。时装绘画成为一种成熟的商业艺术模式。

20世纪80年代，随着纽约帕森学校、纽约时装技术学院、伦敦圣马丁艺术与设计学院以及伦敦时装学院等时装院校纷纷开设时装绘画课程，时装绘画又迎来了它的复兴，上述院校的许多学生选择将时装绘画作为他们日后的职业发展方向。此后的时装绘画游走于“商业”与“艺术”之间，逐渐拥有了独创性与独立性的面貌。随着电脑绘图技术的发展，传统的手绘技法失去了它以往一统天下的地位，多种新技术、新材料的介入丰富了时装绘画的表现语言，也使其焕发了不一样的光彩。

下面以十年为一节点来梳理时装绘画发展的历史：

##  20世纪初至20世纪10年代

20世纪初期是现代意义上的时装绘画发展的初期，时装业的发展、俄罗斯芭蕾舞团在巴黎的公演、极具创新意识的设计师保罗·波烈（Paul Poiret）具有里程碑意义的服装设计……这一切都拉近了时装与艺术、时装与设计之间日趋紧密的联系。1900~1910年，在这个摄影照相技术还未成为主流的时期，时装绘画是平面媒体中表现服装的主要形式，涌现出一批时装绘画艺术家，他们以自己的画笔诠释了当时时尚流行的趋势。这一时期很多的时装绘画都以写实手法为主，在表现手段上有版画、水彩、素描、钢笔线描等诸多形式，这类写实手法的时装绘画从人物、服装到背景都被画得非常细致，以服装广告居多。除了这种写实类

绘画作品外，还有一些时装绘画以各自自成风格的绘画语言，将艺术的元素融入其中，如保罗·艾罗比（Paul Lribe）、雷欧·巴克斯特（Leon Bakst）以及乔治·勒帕普（Georges Lepape）等（图1-26~图1-32）。

图1-26 1902年的时装绘画作品

图1-27 1906年的时装绘画作品

图1-28 1908年的时装绘画作品

图1-29 1910年的时装绘画作品

图1-30 1912年的时装绘画作品

图1-31 1917年的时装绘画作品

图1-32 1919年的时装绘画作品

## 1. 保罗·艾罗比

保罗·艾罗比出生于法国，是20世纪初著名的时装画家。艾罗比善于用钢笔和水彩淡彩绘制时装画，他的画作突出穿着时装的人物主体，对环境和背景处理简洁。保罗·波烈非常欣赏艾罗比时装绘画作品所具有的独特风格，因此在1908年邀请后者为自己的时装设计作品绘制时装画，并于同年出版了《由保罗·艾罗比描绘的保罗·波烈服装》。1916年，保罗·艾罗比开始为时装杂志*VOGUE*绘制时装画（图1-33、图1-34）。

图1-33 艾罗比时装绘画作品1

图1-34 艾罗比时装绘画作品2

## 2. 乔治·勒佩普

与艾罗比相同，乔治·勒佩普的时装插画也充满鲜明的个性特征：人物形象苗条、姿态优雅，画风明显受到新艺术运动的影响，画面具有极强的装饰性。在19世纪30年代，勒佩普曾为*VOGUE*杂志绘制了大约20幅封面作品（图1-35、图1-36）。

图1-35 乔治·勒佩普时装绘画作品1

图1-36 乔治·勒佩普时装绘画作品2

## 二 20世纪20年代

在20世纪20年代里，服装绘画受到新艺术运动和装饰艺术运动的影响，画面中人物的形象更加凝练抽象，而造型更为平面化，人物的体态更为修长；画面具有更强的装饰性，整体效果更为简洁而精炼，更强调对线条的运用，画面整体而有序。新艺术运动以植物形态为素材的曲线艺术表达方式以及装饰艺术运动的更为直线的造型都对这个时期的时装绘画产生影响，涌现出如埃迪奥多·嘉希亚·本尼通（Eduardo Garcia Benito）等一大批优秀的时装画家（图1-37）。

**图1-37** 1927年的时装绘画作品

埃迪奥多·嘉希亚·本尼通1891年出生于西班牙，后来到巴黎开创自己的事业。本尼通的时装画具有较强的抽象性，善于用寥寥的笔触捕捉住人物的神态，人物形象华美，他为*VOGUE*时装杂志绘制了大量时装画。

## 三 20世纪30年代

20世纪30年代，杂志中的时装画也开始配有文字，这使得时装绘画具有越来越多的功能性，具有更多广告的性质。与20世纪20年代造型较为夸张的女性形象相比，此时的时装绘画中，女性形象更为贴近人体的结构，线条更为柔和，更具有女性的温婉而纤柔的气质。同时，由于受到当时一些绘画艺术的影响，时装绘画的画风也有了很大的转变，笔触更为自然、抽象，具有不拘一格的随意性，更注重绘画效果。在20世纪30年代末，随着摄影技术的不断提高，时装摄影作品逐渐取代了一部分服装绘画作品，这使得后者面临着严峻挑战（图1-38）。

卡尔·埃里克森笔名埃里克，是20世纪30年代著名的时装绘画家。1891年出生于美国，1916年开始以自由撰稿人的身份为美国版的*VOGUE*杂志供图，并于1925年便成为了*VOGUE*杂志的专职时装画家。直到1958年辞世，埃里克为*VOGUE*杂志工作长达35年。

埃里克的时装绘画注重笔触的作用，人物造型高贵典雅、姿态动作优雅，散发着一种时尚的气息；在塑造人物面部时，只用寥寥数笔就能将人物神态捕捉到位，颇为传神。埃里克这种看似随意而精准的画风对同时代的时装画家产生了很大的形象，形成了当时独特的时装绘画风格（图1-39）。

图1-38 1933年的时装广告

图1-39 埃里克时装绘画作品

## 四 20世纪40年代

在第二次世界大战期间，为战争所迫，欧洲许多时装画家都到了美国，其中一部分人再也没有回到欧洲。20世纪40年代早期的时装绘画风格仍然延续着20世纪30年代的浪漫主义风格并朝着多元化的方向发展。

第二次世界大战的爆发使得人们对战前优雅的女性形象更为向往，敏锐地扑捉到这个信号后的克里斯汀·迪奥，适时地1947年推出了重现战前女性优雅女性形象“新样貌（New look）”：合体的肩部、饱满的胸部、纤巧的腰部以及如百合花般散开的裙子，女装又开始了它向古典而唯美风格的回归。这种时装风格同时影响到时装绘画领域，一些更为写实的、具有更为女性妩媚形象的时装绘画应运而生（图1-40、图1-41）。

图1-40 1946年的时装绘画作品

图1-41 1946年的时装广告

## 1. 勒内·格鲁瓦（René Gruau）

在此时期，出现了三位姓名中有勒内（René）的时装画家，他们是勒内·波耶特·威廉姆斯、勒内·布歇（René Bouche）和勒内·格鲁瓦，其中最为著名且开创崭新风格的无疑非勒内·格鲁瓦莫属。

勒内·格鲁瓦于1909年出生于意大利，20世纪20年代后期来到了巴黎，开始了他时装画家的生涯。格鲁瓦的时装绘画作品构图巧妙、人物造型准确、人物形象优美而高贵。格鲁瓦善于捕捉每套时装设计作品最核心的精髓所在，并以此选择适合的模特以最能体现此套服装的姿态摆出造型，然后他根据真人模特进行艺术化的抽象，去掉不必要的细节，凝练出最重要的人物和服装信息，得到最终的时装绘画作品。格鲁瓦的画作具有一种浪漫而高贵的气息，这种气息与克里斯汀·迪奥的服装作品吻合，因此得到迪奥的青睐并长期为其工作。格鲁瓦的经典之作是为迪奥所创作的时装画“新样貌”时装画，精准地捕捉到了这个著名的服装系列的精神。此后，格鲁瓦与迪奥公司建立起长达五十多年的专业伙伴关系。

格鲁瓦的时装绘画作品是在深入了解女性人体结构和服装风格之后的简练与精道的基础上，善于利用繁简之间的对比以及用黑色线条勾勒强调人物或服装的外部轮廓。在作品的背景处理上，大面积、多色彩的平涂是其常用的处理方式，格鲁瓦也非常善于用色块对画面空间进行巧妙的分割。

20世纪50年代以后，格鲁瓦也为众多法国服装公司和设计师绘制服装画稿件，如巴尔曼（Balmain）、巴伦夏加（Balenciaga）、纪梵希（Givenchy）等（图1-42~图1-45）。

图1-42 格鲁瓦时装绘画作品1

图1-43 格鲁瓦时装绘画作品2

图1-44 格鲁瓦时装绘画作品3

图1-45 格鲁瓦时装绘画作品4

## 2. 勒内·波耶特·威廉姆斯

勒内·波耶特·威廉姆斯是法国的贵族，是*VOGUE*的“御用”画师之一。威廉姆斯是一位从没接受过正规的美术训练却有着扎实的绘画功底的时装绘画家，他勤奋自学，使他的绘画水平不亚于任何专业的画家，他有着从事戏剧舞台设计的经历，他可以将喜爱的那些高级和最新颖的时尚款式不费劲地在画纸上表现出来。他的作品第一次出现在*VOGUE*的时候是1929年。他与卡尔·埃里克森是同一时代的两位优秀的法国画家，他与埃里克森从20世纪30年代开始就同时为*VOGUE*提供服装绘画作品，他们是势均力敌的竞争对手，也是密切合作的伙伴，他们相互欣赏并相互帮助，在其间，威廉姆斯也受到了埃里克森夫妇的影响，

图1-46 威廉姆斯时装绘画作品

风格与他们十分接近。他对绘画技巧掌握得很快，并有了自己的风格。锋利的线条加之简练豪放的画面，使他的服装设计更加清晰明了，他所刻画的女性都透露着高贵和典雅，与其印象派风格的浮夸风格相得益彰。有很多评论家称威廉姆斯与埃里克森在服装领域可以相提并论（图1-46）。

## 五 20世纪50年代

20世纪50年代，一个新的时代到来了，亚文化思潮为时装圈带来不一样的气息；科技的发展影响了整个世界并给服装业带来了改变，各种新型材料的运用也为时装画家们带来新的挑战；电影、电视等各种新媒体更为直观的向人们传播着时新的服装款式与时尚的生活方式，这些都对这个时期的时装绘画产生了一定的影响，与此同时，一些新生代时装画家，如埃德蒙·奇拉茨（Edmond Kirazian）、达格玛·祖潘（Dagmar Zupan）则开始崭露头角（图1-47、图1-48）。

图1-47 1956年的时装绘画作品

图1-48 1958年的时装绘画作品

埃德蒙·奇拉茨是20世纪50年代著名的时装画家。奇拉茨从青年时期移居到巴黎后就开始将服装绘画作为他的工作方向。奇拉茨善于用绘画的形式表现法国与巴黎的生活画面，这种叙事风格的绘画形式对此时的时装绘画界产生了很深的影响。

## 六 20世纪60年代

20世纪60年代是青年文化占据主导地位的年代，时装界的女神从“Lady（女士）”变为“Girl（女孩）”，更年轻、更时髦、更有朝气的形象充斥着人们目光所及之处；由探索宇宙奥秘而引起的未来主义设计风格也在服装业产生影响；以安迪·沃霍尔（Andy Warhol）为代表的美国波普艺术运动（Pop Art）推动了大众文化的流行，以上种种都对时装绘画产生了很大影响。也是从这个时期开始，时装绘画开始朝着多元化的方向发展，如下文所介绍的两位时装画家安东尼奥·洛佩斯（Antonio Lopez）与波比·希尔森（Bobby Hillson），其绘画风格就截然不同（图1-49~图1-53）。

图1-49 安迪·沃霍尔时装绘画作品（1958年）

图1-50 安迪·沃霍尔时装绘画作品（1959年）

图1-51 1960年的时装绘画作品

图1-52 1965年的时装绘画作品

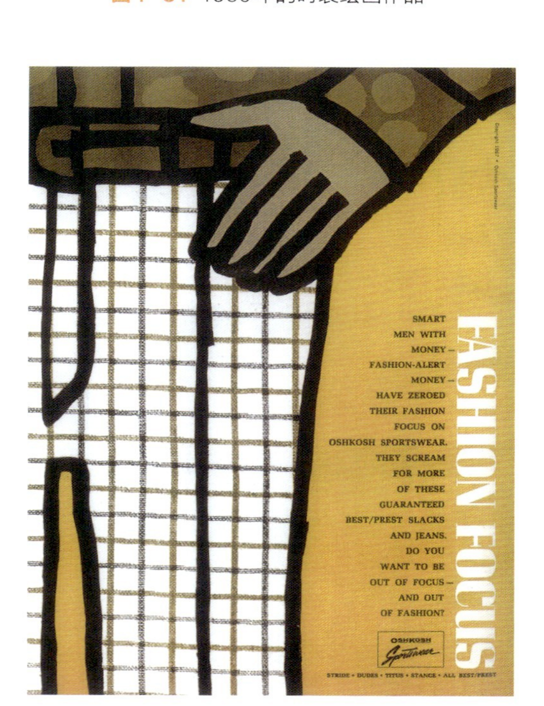


图1-53 1967年的时装绘画作品

波比·希尔森具有强烈的个人绘画风格，其时装绘画作品简洁、凝练，“以少胜多”是希尔森遵循的信条，她的画作总能在寥寥数笔之间将服装的“灵魂”抓住。在20世纪60年代，这种干净、洗练的画风使得希尔森获得多家顶级时装杂志的青睐，邀请其创作时装插画，希尔森还在伦敦中央圣马丁艺术与设计学院开设了时装硕士课程（图1-54、图1-55）。

**图1-54** 波比·希尔森时装绘画作品（1965年）

**图1-55** 波比·希尔森时装绘画作品（1965年）

## 七 20世纪70年代

20世纪70年代全球范围内的经济危机波及服装业；时装绘画也在日趋成熟的时装摄影与时装摄影广告的影响下艰难地发展；以嬉皮士风貌为代表的更为大胆、开放的风格对时装绘画产生了很大的影响；以神秘的东方色彩为主的各种民族风使得时装绘画的风格更为多样（图1-56）。

### 1. 安东尼奥·洛佩兹

安东尼奥·洛佩兹1943年出生于波多黎各，后移居纽约并在纽约

**图1-56** 1975年的时装绘画作品

时装学院就读。洛佩兹最早的作品是在（*WWD*）以及（*THE NEW YORK TIMES*）上发表，后从20世纪60年代开始给*VOUGE*等杂志绘制插图。与勒内·格鲁瓦这种形成自己独特识别性的时装画家相比，洛佩兹时装绘画的最大特点就在于其风格的多变，这种对时装绘画风格纯熟的相互转变以及对各种时装绘画技巧的熟练掌握使得洛佩兹可以针对要表现的不同服装对象来任意“切换”不同的绘画风格、运用不同的绘画技巧。洛佩兹可以纯熟运用铅笔、钢笔、墨水、碳素笔、水彩和宝丽来胶片等不同的材质来绘制古典主义、超现实主义以及魔幻现实主义等不同风格的画作（图1-57、图1-58）。

图1-57 安东尼奥·洛佩兹时装绘画作品（1968年）

图1-58 安东尼奥·洛佩兹时装绘画作品（1970年）

## 2. 托尼·维拉蒙特（Tony Viramontes）

托尼·维拉蒙特1960年出生于美国洛杉矶，在青年时期到纽约学习摄影和艺术，并先后在意大利、法国和日本的杂志社与设计公司从事时装画的绘制工作。

维拉蒙特善于捕捉女性独具的魅力，将他对女性的理解与对服装的理解完美地结合在了一起。20世纪70年代后期，维拉蒙特的时装绘画作品因其与众不同的粗犷风格而在时装画领域引起了巨大的反响，尽管英年早逝——维拉蒙特于1988年去世，但这位具有天赋的时装画家还是给后世留下了风格迥异的时装绘画作品。

## 八 20世纪80年代

在20世纪80年代，时装绘画迎来了它的复兴。我们可以在此时的时装绘画作品中看到这个时代所特有的标志性时装元素：直接而肯定的线条、夸张的肩型、模特浓艳的妆……这一切使得这个时期的时装绘画极具表现力和戏剧性，其风格也更为多样化。

佐尔坦（Zoltan）1957年出生于匈牙利，后为匈牙利版的*VOGUE*工作了数年，随后于1979年前往英国读书。1981年，佐尔坦开始以自由插画家的身份开始他的时装绘画生涯。佐尔坦敢于尝试新方法，手法新颖独特，是首位用照片拼贴的形式创造时装绘画的艺术家。佐尔坦曾为三宅一生、伊夫·圣·洛朗和克里斯汀·迪奥等知名服装品牌绘制时装绘画作品（图1-59、图1-60）。

图1-59 1983年的时装绘画作品

图1-60 佐尔坦时装绘画作品

## 九 20世纪90年代至21世纪

从20世纪90年代开始，时装绘画又重新收复了它失落的山河：对多元化与个性化的追求使得人们不仅仅满足于写实的时装摄影，时装绘画以其兼容并包的崭新面孔诠释着人们对于衣裳、对于时尚、对于服装消费的认知。在这

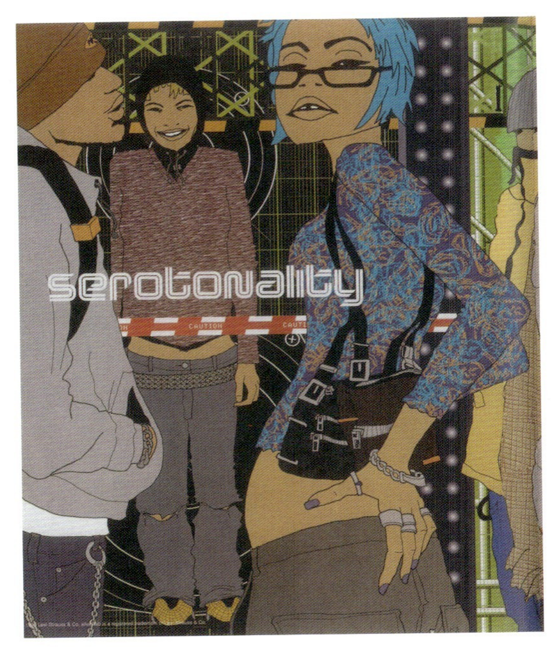

图1-61 1998年的时装绘画作品

图1-62 大卫·当顿的时装绘画作品1

个发展过程中，电脑辅助绘图的形式被越来越普遍地加入到时装绘画领域。纯手工绘制、纯电脑绘制、手工与电脑结合绘制，方式并不重要，表达服装（服装品牌）以及绘画者对此的理解才最为重要。21世纪初以来，因其无可比拟的多样性时装绘画具有了更为重要的地位，时装杂志产业的繁荣更培育了大量的专业时装绘画家，时装绘画重放异彩，甚至成为服装款式的灵感来源，如（Prada）等很多知名品牌都从过去的时装绘画作品中汲取灵感，进行相关款式的设计，时装绘画大师和大牌设计的跨界合作也成为一种双赢的固定模式（图1-61）。

大卫·当顿（David Downton）是20世纪90年代以来著名的时装绘画代表人物。当顿1959年出生于英国伦敦，最初所学的专业为平面设计，但在毕业后将兴趣转到了时装绘画领域。当顿的绘画风格整体而洗练，人物形体造型准确，人物面部具有很强的时代感，服装表达到位，画面线条流畅、色彩运用简洁大胆，具有很强的张力、时尚感与现代

图1-63 大卫·当顿的时装绘画作品2

感。当顿对服装敏锐的把握以及对时装绘画语言纯熟的运用使他迅速拥有了诸多客户，如*Harper's Bazaar*、*VOGUE*、*ELLE*、*Marie Claire*、《泰晤士报》、《周六电讯报》等。当顿与之合作的服装及化妆品商业客户包括：克里斯汀·迪奥、香奈尔、兰蔻、梵克雅宝等（图1-62、图1-63）。

## 本章小结

◎ 时装画、时装效果图、时装草图、时装款式图、平面结构图是时装绘画所涉及的几个重要的概念。

◎ 时装画与时装效果图两者之间并非界限划分严格，当时装效果图具有了高度艺术性的时候是完全可以称得上是时装画。在一定的条件下，两者可以达到完美的统一，如果把两者完全割裂来看无疑是缺乏整体性的。

◎ 时装绘画的历史与服装发展的历史息息相关，尤其是20世纪这一百年间，时装发生了翻天覆地的变化，时装绘画也在这一个世纪的岁月里逐渐发展、成熟并达到今天这种较为稳定的模式。对时装绘画发展历史的认知与了解使我们更清晰它的发展脉络，并有助于我们从中汲取养分，20世纪这一百年中每个时代不同特色的时装绘画也可以在风格的多样化上给予我们灵感。

## 思考题

1. 时装画、时装效果图、时装草图、时装款式图、平面结构图的概念各是什么？
2. 简述时装绘画的发展简史。
3. 20世纪40年代时装画代表画家举例。
4. 通过课后查找资料，拓展和细化时装绘画的历史。

# 专业知识与专业技能

# 第二章

# 人体造型与局部表现

**教学内容：** 人体造型与人体局部的表现。

服饰局部的表现。

**教学时间：** 10课时。

**教学方式：** 教师授课、课堂练习。

**教学媒介：** 利用多媒体授课，采取PowerPoint图文结合的形式。

# 第一节 人体造型与人体局部的表现

## 一 全身人体的表现

时装绘画离不开服装的载体——人体。在开始时装绘画训练之前，对人体结构、形态与姿势的掌握是首先要解决的问题。对人体结构、形态与姿势的掌握是进行时装绘画所必需的，甚至可以说是不可逾越的阶段。在教学中我们常常发现，对这部分内容没有好好掌握的同学在绘画穿着衣服的人体时就会出现种种问题。

在塑造人体结构比例时，如果按照普遍的审美理念，头长一般占全身长的七分之一或七点五分之一，这样的人体比例就可以称之为匀称的人体结构，即七头身或七点五头身比例。但在时装绘画中，为了塑造更为理想化的修长身材，常常把这个标准比例加长至八头身、九头身，甚至是夸张的10头身，以此来更好地表现人体着装效果。以这种夸张身长的手法所得到的人体，着衣状态会更好地体现服装的优美。在画时装人体时，躯干部分尤其是腰部要适当拉长，最重要的是将腿部尤其是小腿部加长，得到最适宜表现衣服的形象。

在塑造人体的姿势时，肩线、腰线和臀位线是三条重要的结构基准线，在确定了人体重心的基础上，三者的不同组合就成为人体的不同的姿势。

时装绘画中的人体是展现服装的基础，在绘画时需要根据不同的服装展示要求而调整它的造型与姿态，即表现此款服装的最美的人体动态。很多服装设计类学生在初学时就急于用夸张的创作手法来画人体：任意拉长手臂和腿部比例、无视人体结构的奇怪姿态或选择奇异的姿势等，这就好比还没有学会“走”的婴儿就要去“跑”一样，欲速则不达。正确的做法是体会与熟悉人体的各部分比例与各种姿势，大量临摹经过甄选的时装人体绘画姿态，熟练掌握后再在此基础上选择适合自己的范例，勤加练习，形成属于自己的时装人体绘画风格。除了可以将服装表现得更为美观之外，准确、适度的时装人体还具有现实的意义，合乎比例的人体决定了合乎比例的服装的各个部分，这也是设计师能够向板型师和样衣师准确传达设计意图的前提。

### 1. 男全身人体的表现（图2-1）

男性胸部肌肉丰满平实，一般肩宽为两个头长多一些，盆腔较狭窄，腰部宽度略小于一个头长，髋部较窄，大转子连线的长度短于肩宽，因此男性全身人体躯干的基本形为倒梯形。相较于女性而言，男性人体头部更为方正、颈部更粗；其手部与足部偏大，小腿肚大，脚趾粗短；因其骨架与骨骼较为粗大，肌肉更为发达；脂肪层薄而轮廓更为分明，因此在刻画男全身人体时，其轮廓应更为顺直，用线以清晰果断、轮廓分明为佳。

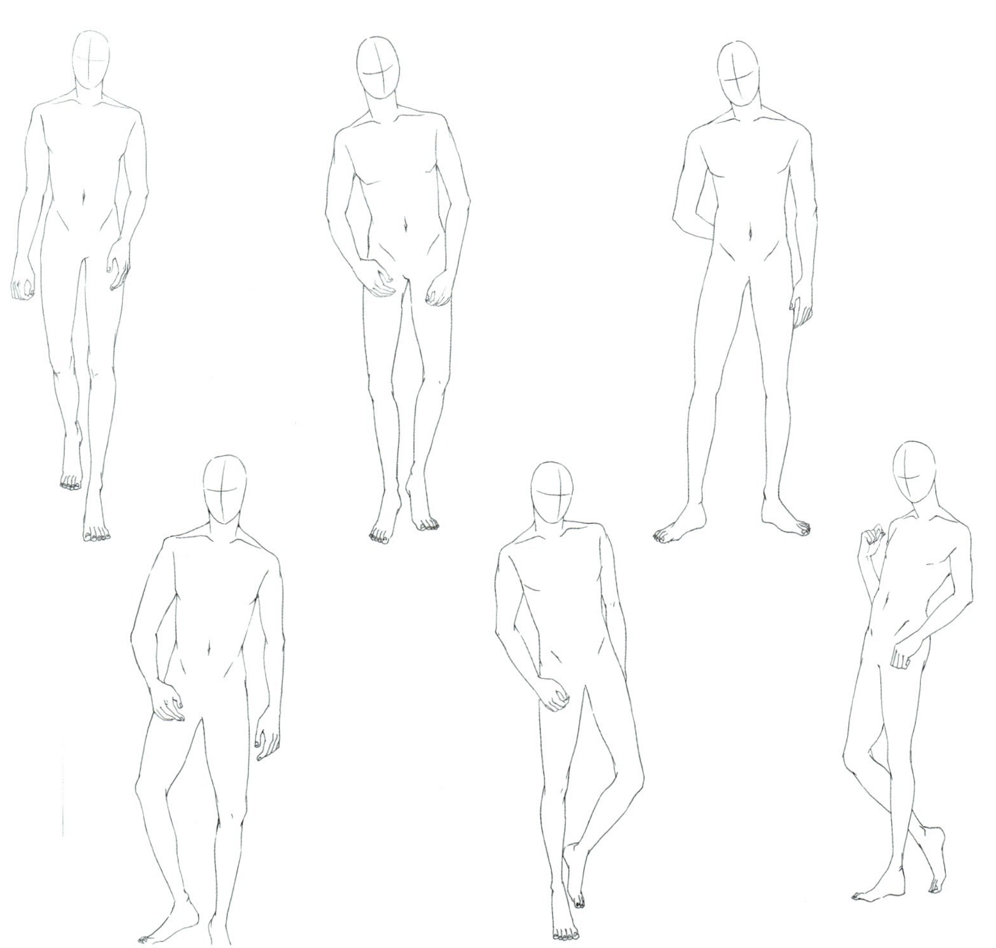

图2-1 男人体动态

## 2. 女全身人体的表现（图2-2）

女性全身人体与男性全身人体相较更为纤细，头部更小，脖颈更为细长，乳房突起呈圆锥形，腰部两侧向内收起，肩与大转子连线的长度相当，臀部丰满，髋部较宽，且胸腰臀部曲线明显。因女性骨架、骨节较男性小，脂肪发达，大腿肌肉圆润，体型丰满等特征，在描绘时外轮廓线呈圆润、柔顺的弧线。另外，女性的手和脚较小，起草及刻画时需注意的线条优美、流畅。

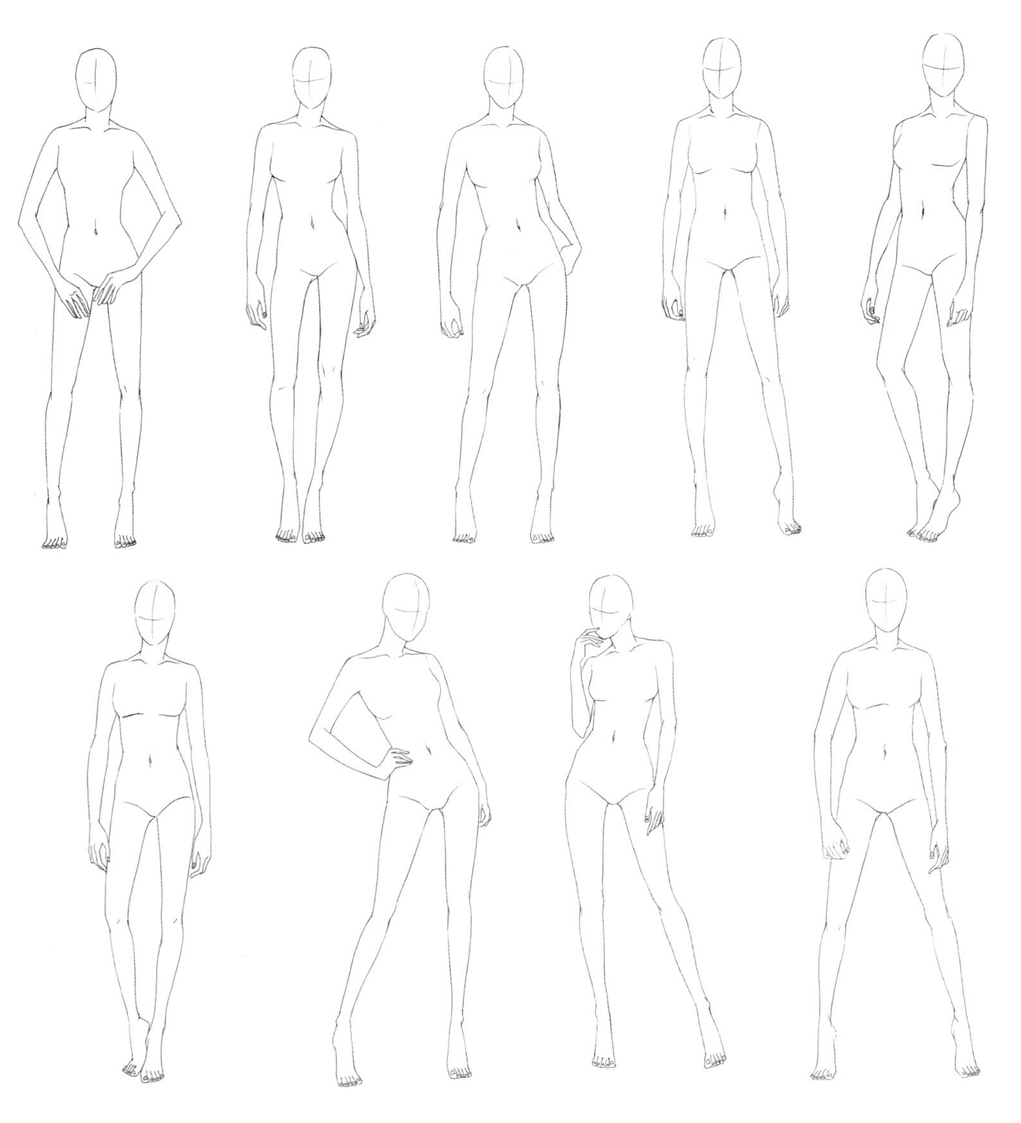

图2-2 女人体动态

## 二 人体局部的表现

### 1. 头部的表达

在时装绘画中，头部的表达是非常重要的一个环节。头部的重要还在于在时装绘画中它是一个参照物，上文所述七头身、八头身与九头身都是以头部的长度为参照的标准物。

一般而言，对头部五官的结构造型可以遵循“三庭五眼”的基本比例：“三庭”是指从发际线到下颚线的人脸长度为三个鼻子的长度；“五眼”是指从左耳廓外沿到右耳廓外沿的水平方向的人脸宽度为五只眼睛的宽度的总合。按照这个比例我们就可以确定头部五官的各个位置。此外，颧骨和下颌等突出骨骼部位的确定也非常重要。

在绘画过程中，还要注意对人物面部表情的刻画，人的面部会随着心情在肌肉作用之下产生起伏和变化，这种起伏和变化会反映在五官上，出现眉眼、嘴角的上扬与下垂等不同变化（图2-3）。

图2-3

图2-3 头部的表达

## 2. 眉眼的表达

人们常常说："眼睛是心灵的窗户"，虽然是俗语，但却一语中的。在时装绘画中，对模特眼部的塑造尤为重要。眼睛由眼眶、眼睑和眼球三部组成，其中眼球包括瞳孔、虹膜和巩膜。在对眼睛的刻画中需要注意一些重点结构的定位，如内外眼角、眼球、瞳孔及眼廓。画出眼睑的厚度有助于塑造眼部的立体感，不同厚薄的眼睑能形成不同的眼部阴影。一般最后画睫毛，应该按照睫毛的长势进行描绘。

眉毛位于眼睛的上方，它和眼睛一起形成人体面部容貌的重要特征。在绘画过程中，一般的习惯是先确定眼睛的位置，再确定眉毛的位置。画眉毛时以内眼角上方为起点，然后确定眉峰的位置，最后是眉尾。眉峰的位置和走向对人物面部特征的塑造非常重要。

在绘画中我们还会发现，不同的眼睛与相同的眉毛，或反之不同的眉毛与相同的眼睛可以塑造出完全不同的面部特征，其微妙之处需要绘画者细细体会（图2-4）。

图2-4 眉眼的表达

### 3. 鼻子的表达

鼻子的上半部分由鼻骨和附于其上皮肤组成；下半部分是软骨和附于其上皮肤组成。根据人体头部的不同动态，对观者而言，鼻子呈现出正面、侧面及半侧面等不同的角度。

在时装绘画中，对鼻子的刻画相对于眼睛来讲更为简单，一般只确定两点，一是眉毛与鼻子上部衔接的部分或鼻梁部分；二是鼻翼部分。此外也有描画整个鼻子以及不画鼻子的情况。其实，在人体头部不是正面的情况下，对鼻子角度的正确刻画有助于准确表达头部的动态，在这种情况下，对鼻子的仰视、俯视等透视变化的描绘非常重要（图2-5）。

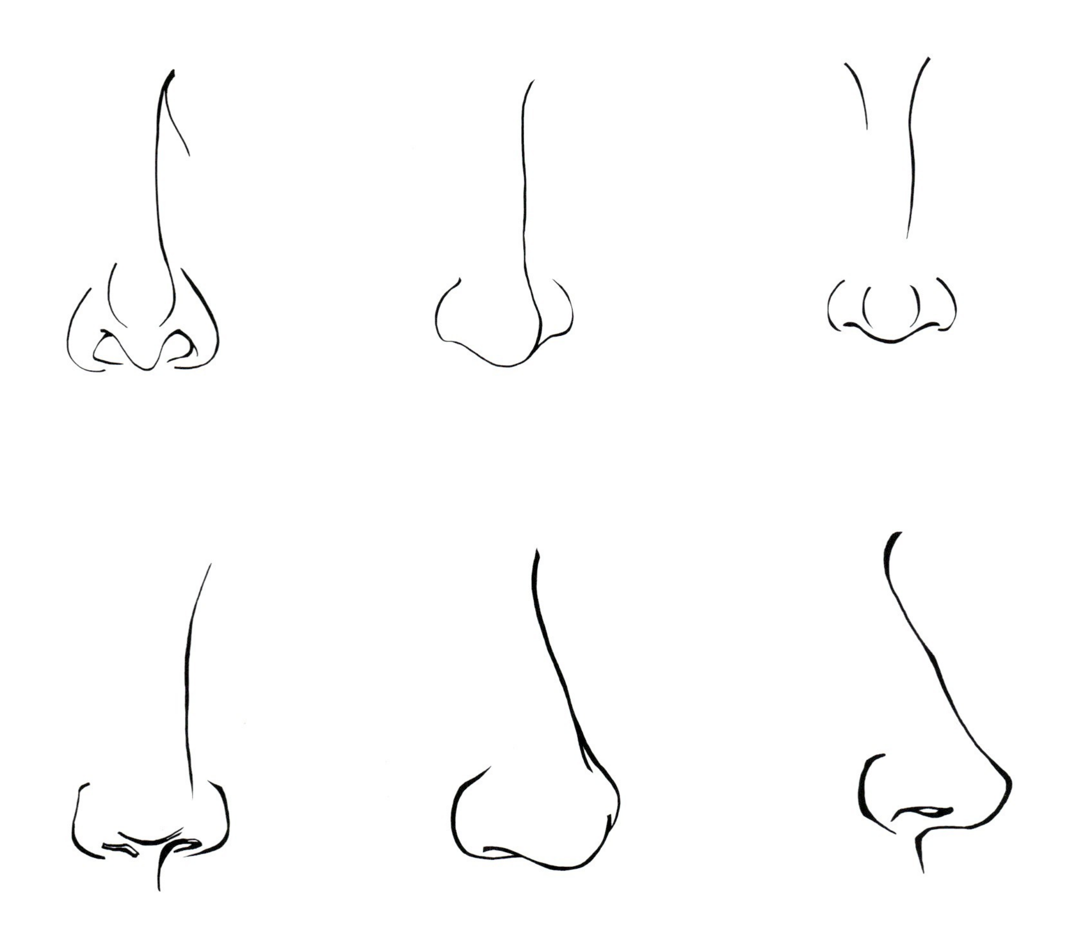

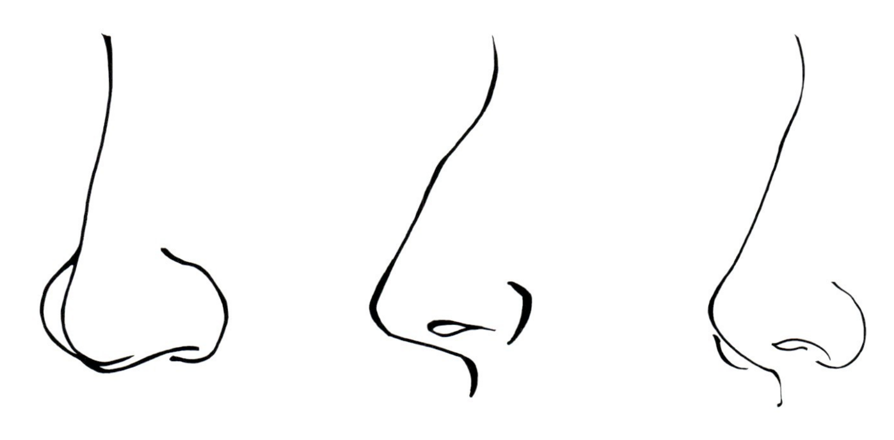

图 2-5 鼻子的表达

## 4. 嘴部的表达

嘴部也是显现人物特征的面部重要部位，它能够透露人物的性格特征以及情感色彩。在时装绘画中，一般先确定上唇与下唇的交界线，再在此基础上确定上、下唇的形状。根据表达的需要，嘴唇可以有张开与闭合两种形式，如微笑的面部可以表达为嘴角上扬、微微张开的造型。

在造型上，男性嘴唇一般宽而薄，造型较为简单；女性嘴唇一般窄而厚，在绘画上应更注意其立体感。在对女性嘴唇的刻画上可以根据不同的需要选择不同的色彩，需要注意的是高光的留白非常重要；如果塑造较为立体的嘴唇，则要注意明暗虚实的变化（图2-6）。

图 2-6 嘴部的表达

## 5. 耳朵的表达

耳朵由外耳廓、内耳廓、耳垂和耳屏组成，其位置处于眉线至鼻底线之间。在进行时装绘画时，先要确定其位置，然后确定其大小，最后是对耳廓形状的刻画。在进行面部的塑造时，耳朵也常常是被简化处理的部位，如果人物形象是长发时，耳朵的位置就会被遮住，因此常常省略耳朵；但如果画中的模特是佩戴眼镜、帽子或耳饰时，耳朵就会成为不可回避的部位（图2-7）。

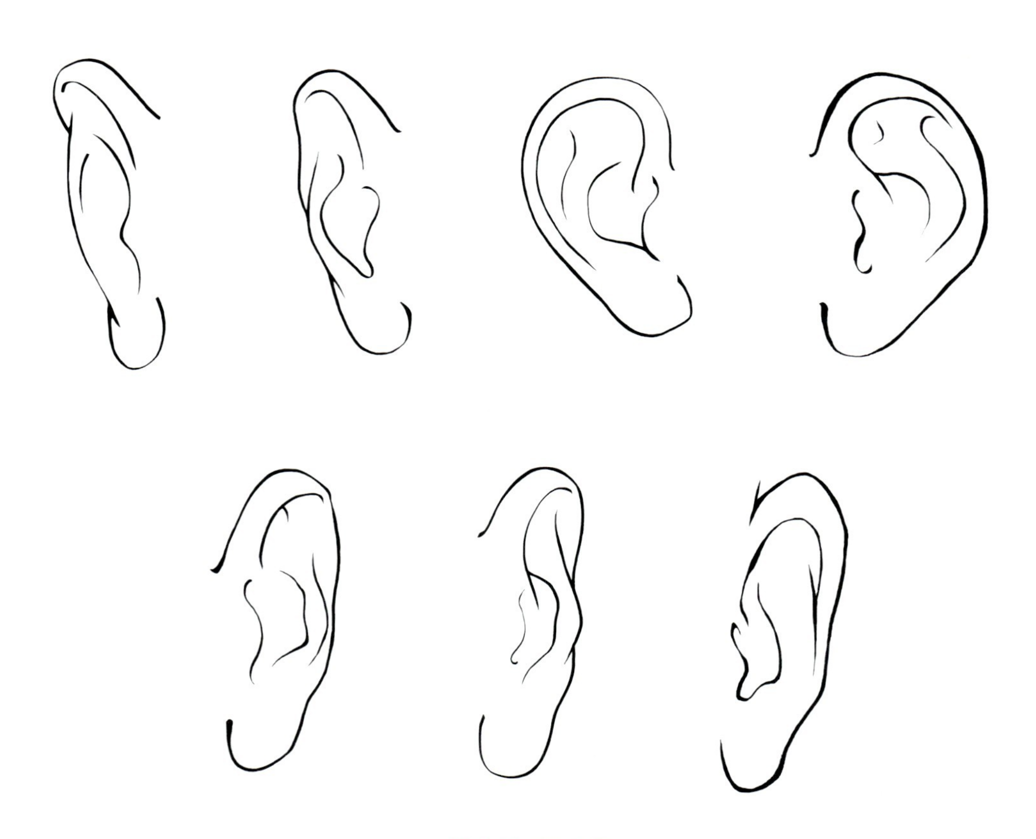

图2-7 耳部的表达

## 6. 手部的表达

在时装绘画中，手的绘画是一大难题，因其较身体其他部位而言，手部有较多数量的骨骼与肌肉，作为常言中的“第二张脸”，它有着一定的肢体语言，所以它难以描绘，亦可通过它来展现更多的形态表达。

绘画手部时，要注意形体之间的结构大小协调关系，因其形体较为复杂，具有丰富的表情，描绘手部时应将重点放在外形和整体姿态上。在结构上我们需注意，手部的长度接近于人面部的长度，而手掌的长度约等于中指的长度，小臂与手掌被尺骨、桡骨分开。可以先将手部简化分解为几个几何面来进行处理，比如，将手掌作为一个不规则的梯形体，将手指当做一截一截的圆柱体，而关节处运用圆球体来呈现。当完成这个步骤后，便可以在此基础上进行细节的塑造，线条的流畅和粗细都可以体现手的形态。除此之外还可以利用一些明暗关系来细化骨骼的隆起与肌肉的走向。

一般在对时装作品中手的处理在造型上要更为修长，这与时装绘画的特性相关，其中在对不同性别的模特进行表达时也存在区别：女性的手部更为柔美与纤细，而男性的手部更为硬朗与强壮。通过不同的细节刻画，我们可以展现出更为丰富的人物思想信息（图2-8）。

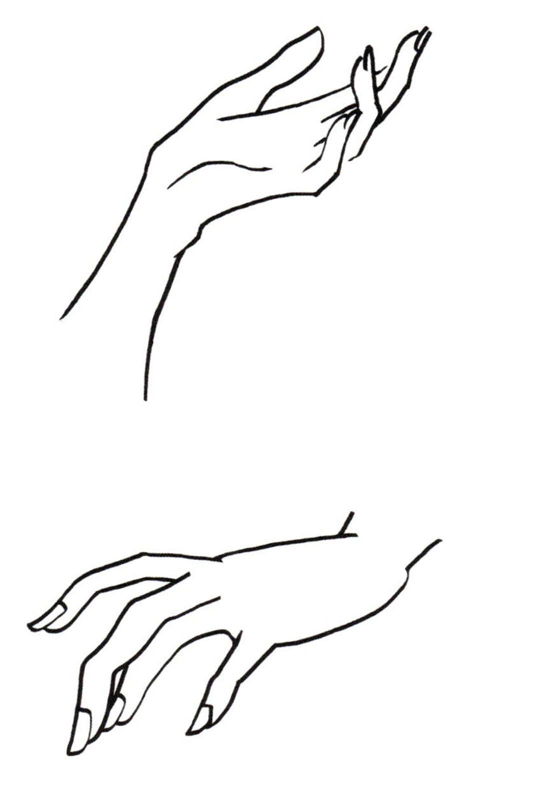

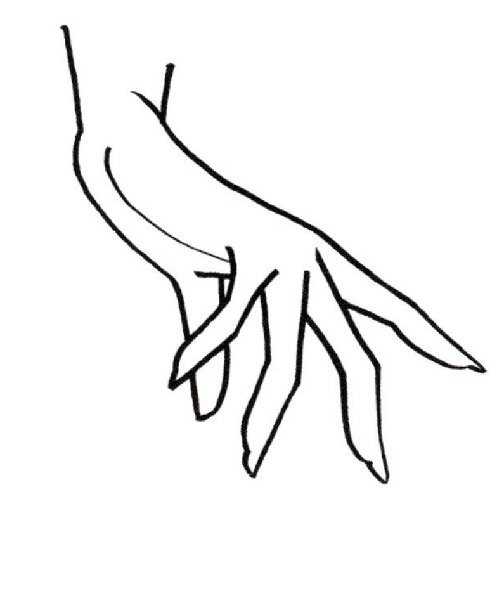

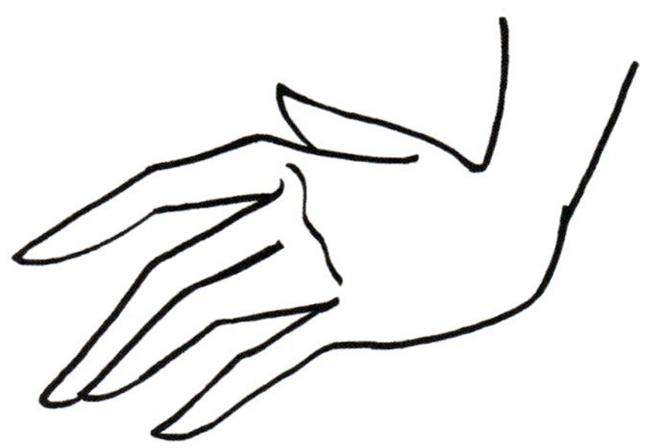

图2–8

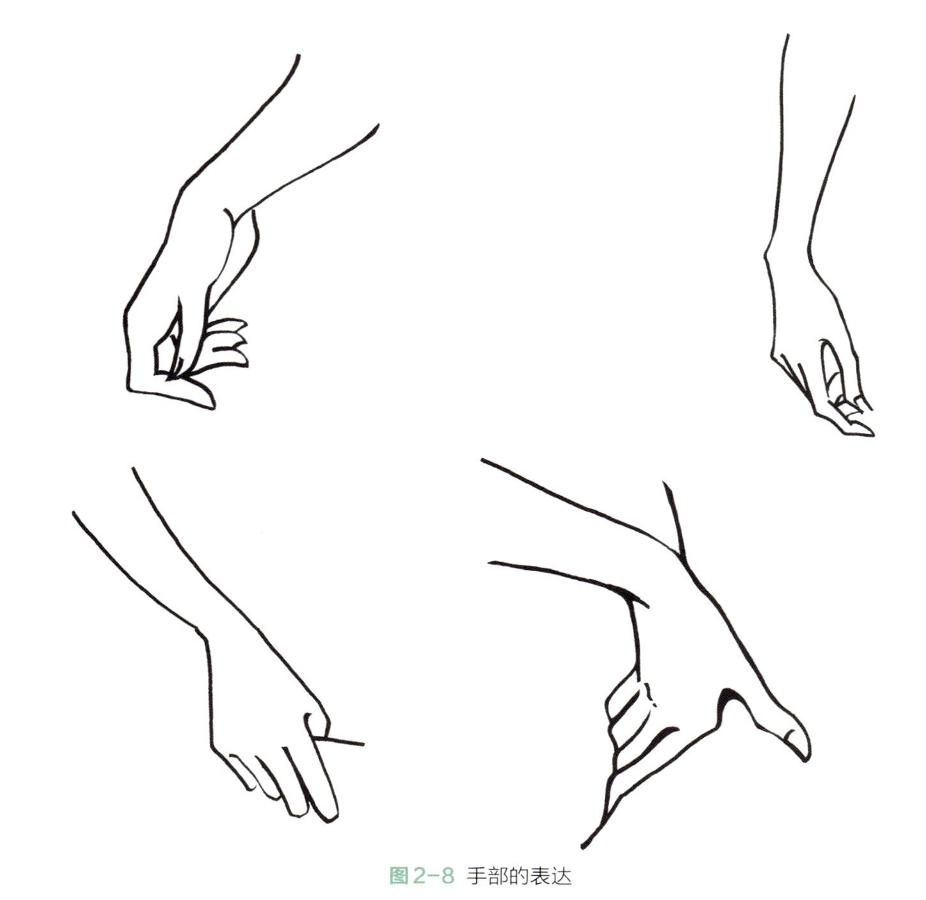

图2-8 手部的表达

## 7. 脚部的表达

脚部的处理可以使用与手部一样的方法，通过几何化处理将其简化为几大块面：

首先，需要强调的是脚的厚度，即脚趾头与地面之间的距离，这个距离表达着人体的体感与美感，所以在处理时一定不能将之绘画成一个薄片。

其次，脚后跟的厚度与造型也不容小觑，很多人在描绘脚部时忽视了脚后跟的隆起，只是单纯的将脚踝与脚掌用一条直线连接起来，这就很容易给人一种向后倾倒的感觉，使人物在站立时缺乏一定的稳定性。

最后，脚的内踝骨与外踝骨之间的关系也要好好处理，由于鞋子的样式和鞋跟高低的不同，绘画时一定注意避免脚的内踝骨比外踝骨高或大，这会造成脚的透视变形。除此之外，由于透视关系，在行走时前脚往往会稍大并低于后脚（图2-9）。

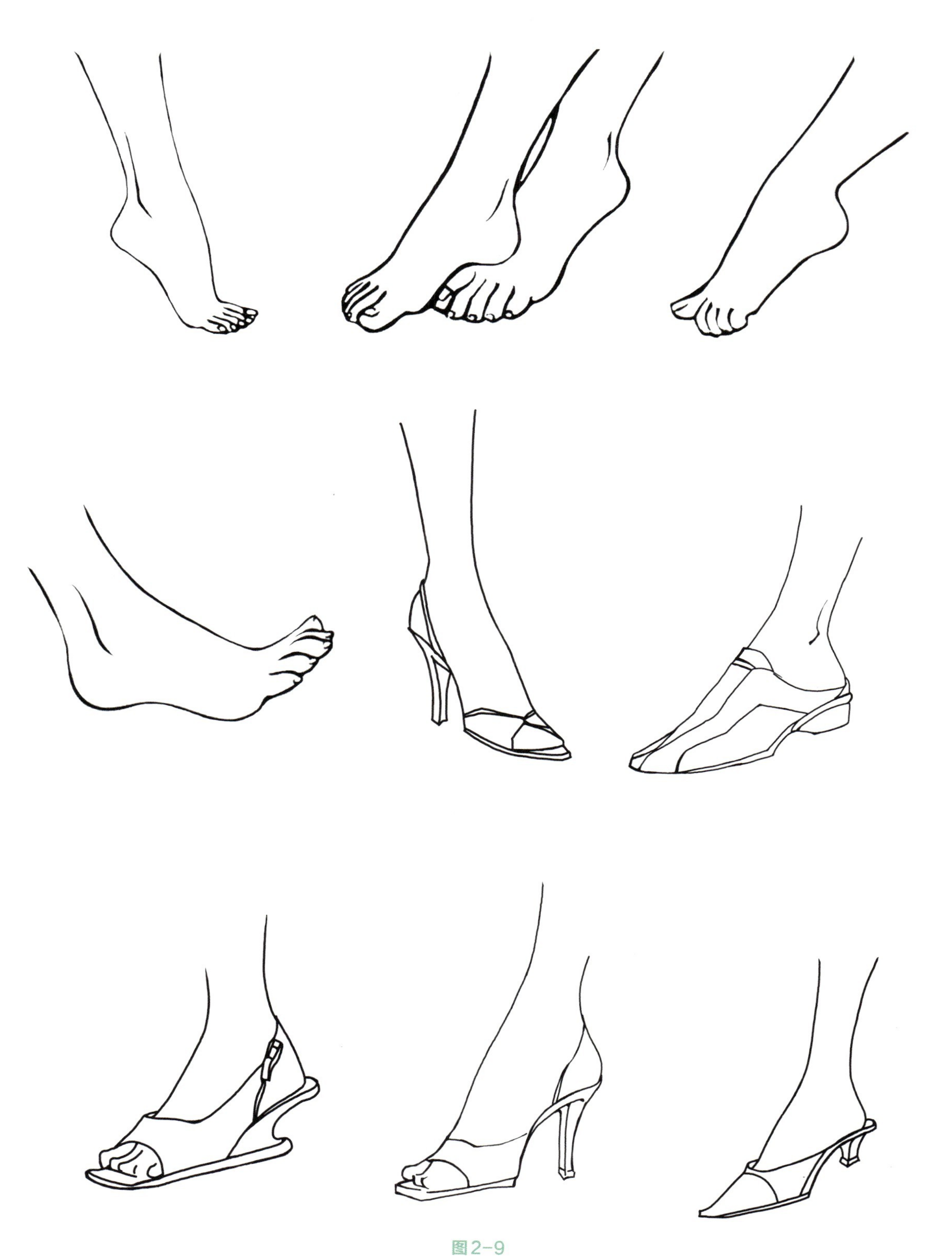

图2-9

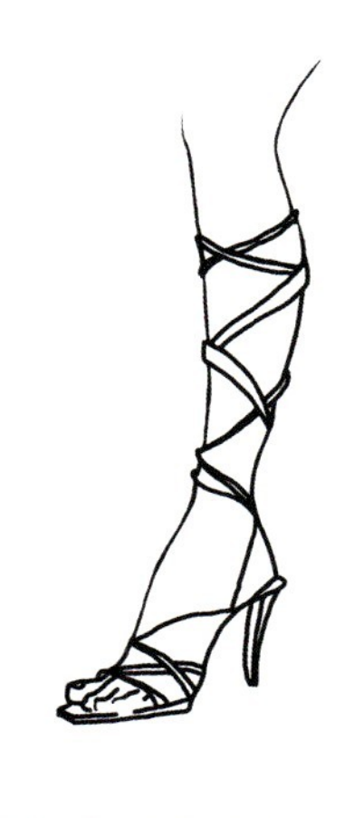

图2-9 脚部的表达

## 8. 发型的表达

一个人物整体风格的塑造是全面的，其中包括脸型、发型、首饰等，这些都需要与整体的服饰进行搭配，所以在创作的过程中，人物的发型与发色是极其重要的，在一定程度上可以说是需要量身定制的。发型、脸型及服装这三者应形成一个有机整体。发型的设计最重要的就是与脸型的搭配，并符合服饰的整体风格。在描绘发型时，具体的方法是要依据人物的脸型以及颈部的长度、内部气质以及服装效果来决定，不同的发型不仅可以美化人物，还能反映人物不同的个性、文化气质和艺术修养，一个合适又精致的发型可以衬托出服装的美并达到一定程度上的升华。

描绘人物发型时，首要任务便是突显其造型特点，初学者练习画头发，应从练习将不同程度蓬松的发髻进行分组开始，一般是先勾勒出头发的轮廓，随后根据发型的具体特点，注重头发结构的总体走向以及外形的总体美感，抓住重点去表现人物的发型。一般先是用粗的线条概括，再用细的线条增添细节。此外，绘画时还要用线条来区分对象的性格或个性特征，常见的是女性的长发绘画时要流畅、轻松和细长，男性的短发绘画时则是利落、干净而果断。有一点需要强调的是，绘画时要把握好头与头发之间的距离，头发要适当的蓬松才能体现其特点与美感。

同样值得注意的是，发髻与脸部轮廓也不可以轻易用线条来做区分，一般鬓角部分的发丝会有走向，刻画时要注意细致轻松以达到视觉效果上的自然（图2-10）。

图2-10

图2-10 发型的表达

# 第二节 服饰局部的表现

时装搭配中服饰局部——配件是必不可少的组成部分，它可以使时装设计更加完整并使得画面更具丰富性。服饰配件的种类繁多，包括帽子、围巾、眼镜（太阳镜）、包、鞋与首饰等。时尚潮流不断变化，服饰配件也随之不停变换风格，这需要绘画者在所设计的主体服饰风格的基础上准确捕捉时尚潮流，设计适合整体风格的服饰配件。我们在这里的学习将重点置于把握配件的基本画法以及质感的表达。

## 一 帽子

与发型和脸型一样，帽子对服装设计的表现效果起到至关重要的作用。帽子的种类千变万化，其基本构成部分有裹住头的帽顶和四周的帽檐。绘画帽子时，需要注意戴法以及帽子与头部的平衡，重要的是帽子戴在头上的大小比例。一般是先画帽顶，再画帽檐，最后捕捉到帽檐表里的明暗变化，再将其与人物连成一个整体。由于帽子的种类繁多，造型不同，每顶帽子的深度和帽檐的宽度也不尽相同。所以在平时的生活中，就应当仔细观察不同类型的帽子，勤加练习，绘画各式各样的帽子（图2-11）。

图2-11 帽子的表达

## 二 围巾

围巾一般使用较为柔软飘逸的纱和丝面料制成，具有丝绸般的光泽和轻薄的透明感。在绘画围巾时应当展现此围巾的面料特点，女性的丝巾柔和唯美，绘画时用线要流畅、细致；重点是要处理好脖子与围巾之间的交错关系，后领贴脖或使两侧悬垂都会使平面的围巾产生立体的效果。布料的转折也要充分表达，注意围巾交叠所形成的褶皱对围巾图案的影响，交代好形体与图案的穿插才能使得围巾呈现自然舒适之感。工具上一般可先用水彩进行平铺和晕染，区分受光面与背光面之间的关系，再用彩铅或色粉进行细节的描绘与塑造，使其看起来更为精致与真实（图2-12）。

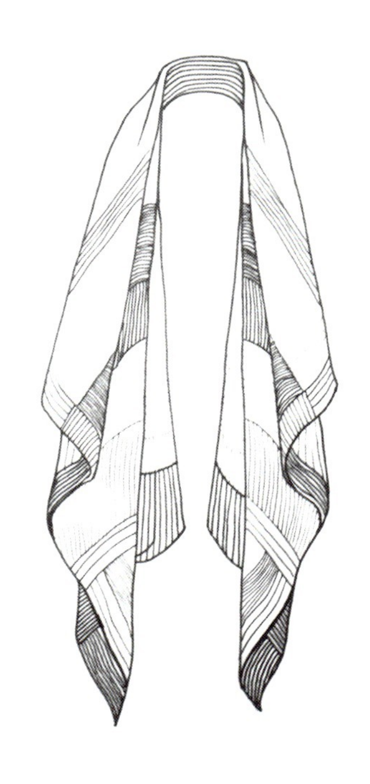

图2-12 围巾的表达

## 三 太阳镜

太阳镜是女性服饰配饰中极为重要的一个元素，以其携带轻便、种类繁多的特点而深得广大女性之青睐。不同的脸型需要搭配不同的镜框，使得太阳镜有着颇为多样的造型。其佩戴方式是架于两侧耳朵和鼻梁之上，在绘画时除需要主要表现其款式特色外，结构透视正确也是极为重要的。太阳镜由镜框和镜片两种不一样的材料组成，体积上也分为多面组合，不同的材质有着不一样的表现方式，玻璃、树脂、木质等都各有其自身的特点；多面的组合使得明暗关系变得尤为重要。在绘画上可以采用水彩或马克笔表现，要注意镜片的透明感和框架的体量感，在处理好大的质感和体量关系后，再进行框架上的细节刻画，让绘画更为深入与精美（图2-13）。

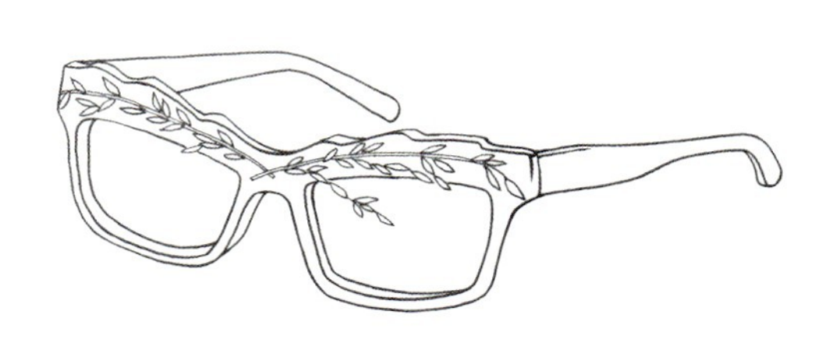

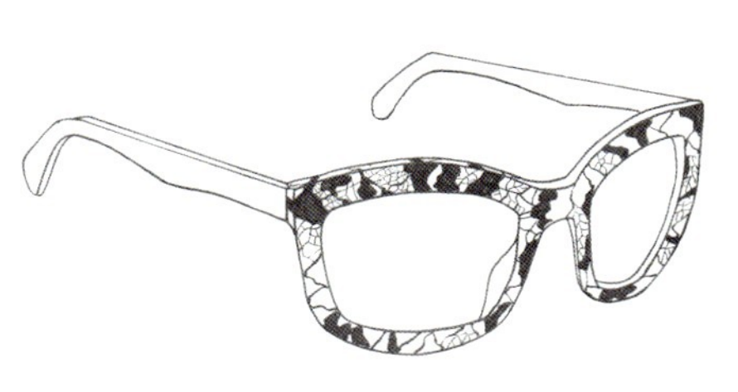

图2-13 太阳镜的表达

## 四 包

包是非常重要的服饰单品，其种类繁多，如果按使用的场合划分，可以分为钱包、手袋、挎包、背包、旅行包、购物包等。画包的时候应先根据画中人物的服饰类型选择与之相配的包的类型，然后设计包的形状与大小，在注重其体积特点的基础上认真地刻画出包上的装饰和细节。当然，细节的刻画也是可以体现其不同质感的，面料、材质甚至功能都可以通过其来展现；有时某些细节不仅仅是装饰作用，也具有一定的实用功能（图2-14）。

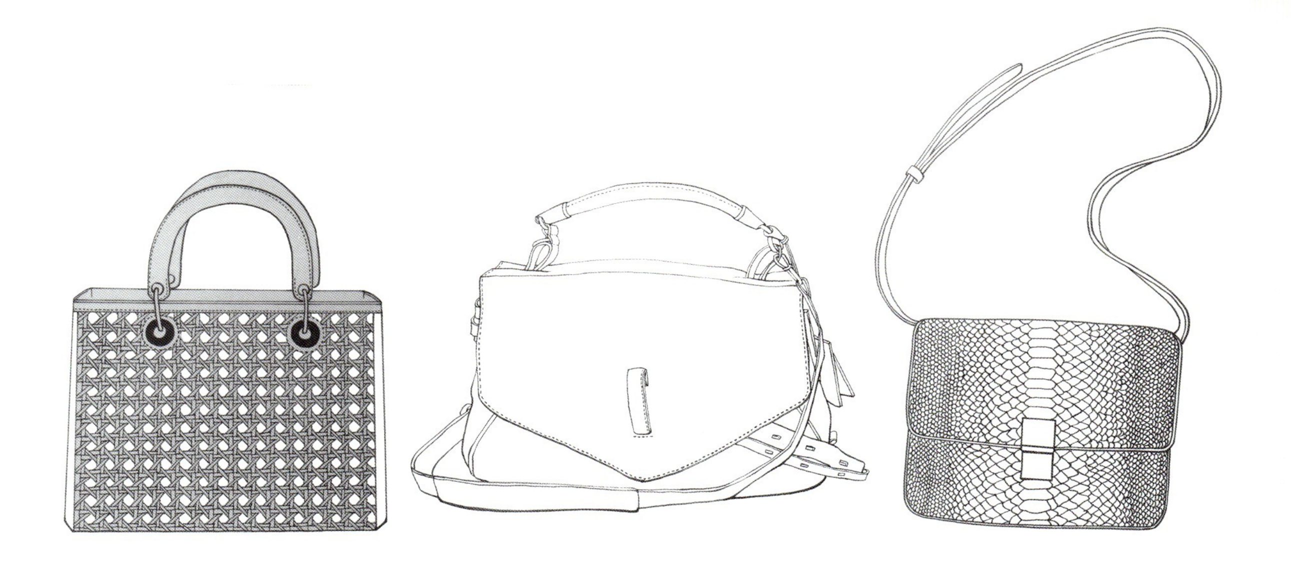

图2-14 包的表达

## 五 鞋

与帽子一样，在画鞋子时，先要根据所设计的服装选择相应大的类型，如礼服鞋、休闲鞋、运动鞋等，然后在此基础之上再设计具体的款式，根据整体服饰的表达来决定鞋子的画法，如虚实之间的选择、色彩的搭配……随着时尚潮流的变换和社会的发展变迁，鞋子功能不仅仅局限于实用性，在创作时装画时，鞋是用来传达时尚讯息一个必不可少的组成部分。除了特别夸张的款式外，画鞋的方式一般都是将脚部准确地塑造出来之后，只要将鞋子套画于脚上即可。此外，画不同高度鞋跟的鞋子，应当注意鞋底的弧度和鞋跟的角度关系。而鞋跟的粗细也是鞋子展现设计的直观表达。对于系带鞋子的刻画时，要将带子的位置和粗细交代清楚。在画运动鞋的时候，应强调它的功能性所产生的造型特点的变化，一般鞋面会有镂空和条纹的设计，做装饰的同时排汗透气，而鞋底部分则有减震气垫或钉子等特殊设计（图2-15）。

图2-15

图2-15 鞋的表达

## 六 首饰

首饰在时装绘画作品中是比较重要的服饰局部表达内容，除了一般的服装款式外，在礼服设计中首饰几乎是必不可少的组成部分。首饰的类型有很多种，如项链、耳环、手镯、手链、胸针、戒指等；首饰的材质也不尽相同，有宝石、金、银、木、珍珠等，不同的形态与质感有不一样的表达方式。画首饰的时候要注意首饰的形状和特色，无论哪种首饰都要注意画出材质的区别和装饰的细节，不同的材质所用的笔触与明暗关系的处理方式不尽相同。但无论如何，在绘画首饰的时候要注意形体的美感、细节的表达与材质的展现。为了更好地表达首饰的创作过程，在范画中为大家展示三件首饰的绘画步骤。

### 1. 首饰绘画步骤范例：章鱼胸针（图2-16）

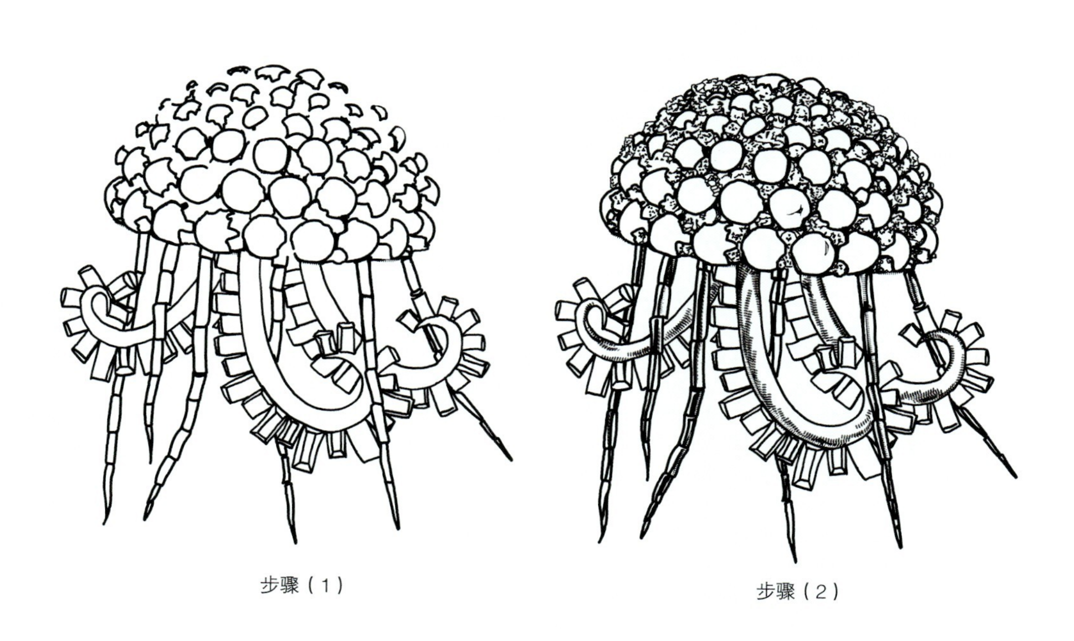

步骤（1）　步骤（2）

图2-16

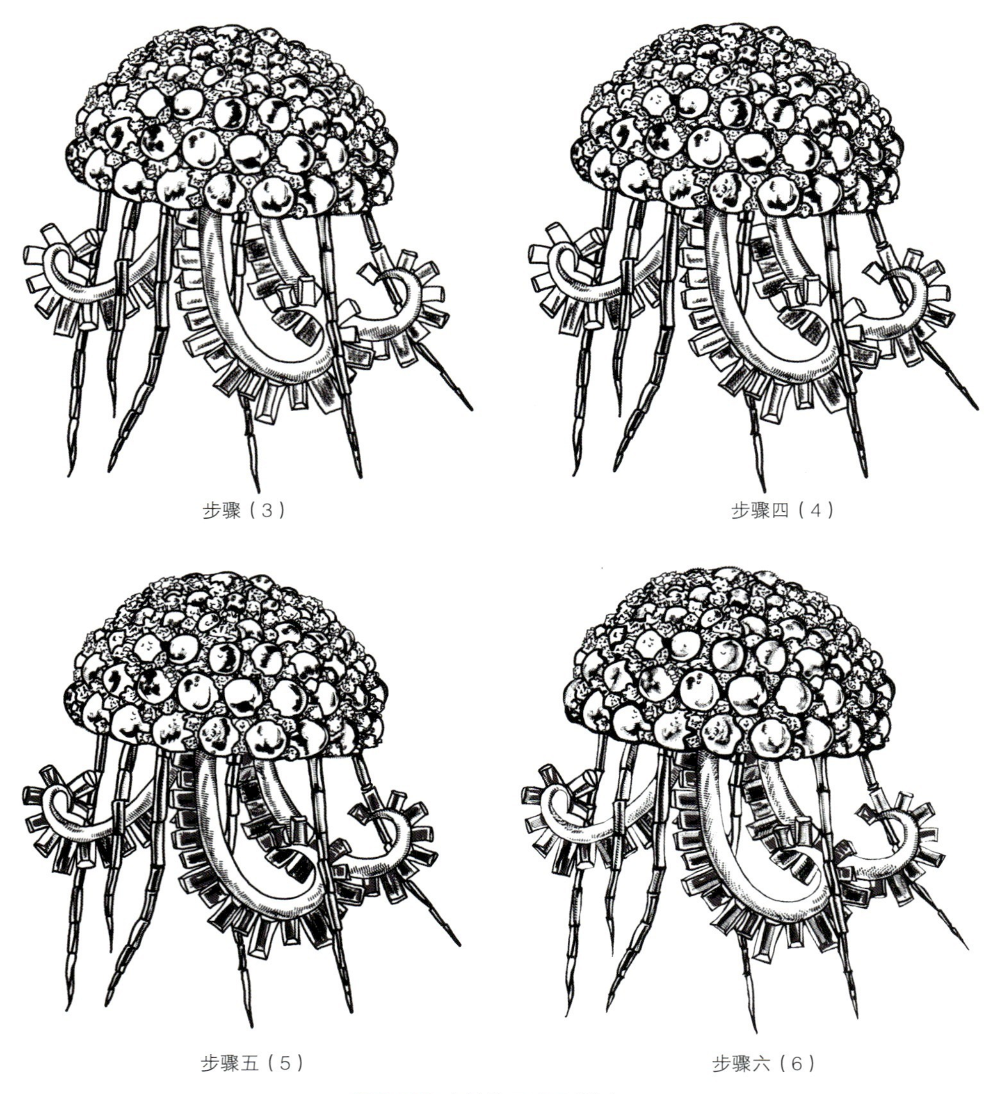


图2-16 胸针绘画步骤举例1

步骤（1）：这是一款仿章鱼的金属胸针，由于多角多宝石的设计，所以在起稿的时候需要注意表达每个形体之间的距离关系。

步骤（2）：在起稿的线条程度上清理画面多余的线条，勾画出清晰准确的线条，简单处理一下黑白关系。

步骤（3）：在第二步的基础上加强黑白关系，简要处理不同材质之间的区别，金属与宝石之间要用不同的笔触去表现。

步骤（4）：在处理黑白关系的程度上加强材质表现，注意宝石的高光与阴影之间明暗交界面的表达。

步骤（5）：加强章鱼触角的细节塑造，整合明暗关系，加强视觉对比。

步骤（6）：增加细节的表达，把握金属质感的表现。最后统筹画面的黑白灰，力求把整个画面都表达得充实与饱满。

### 2. 首饰绘画步骤范例：花卉造型项链（图2-17）

图2-17 项链绘画步骤举例

步骤（1）：这是一款花型的项链，由于造型细致自然，在起稿的时候要注意把每一朵花、每一片叶以及项链本身之间的位置画准，记得要画出花朵直接连贯的细节，画笔要轻，同时清理画面多余的线条，勾出清晰的线条以后上色。

步骤（2）：从花朵的部分开始上色，要注意明暗关系，不仅花朵本身要有立体感，注意花瓣的厚度和花茎的圆柱体，要将受光面、背光面和反光面多方效果呈现出来。

步骤（3）：继续深入刻画花朵的细节，同时将金属的项链进行简要地上色，表现画面的明暗大关系。

步骤（4）：上色的时候注意要由浅入深，调整明暗关系，提出高光，注意宝石与金属质感的差别，整理完成。

## 3. 首饰绘画步骤范例：蝴蝶形胸针（图2-18）

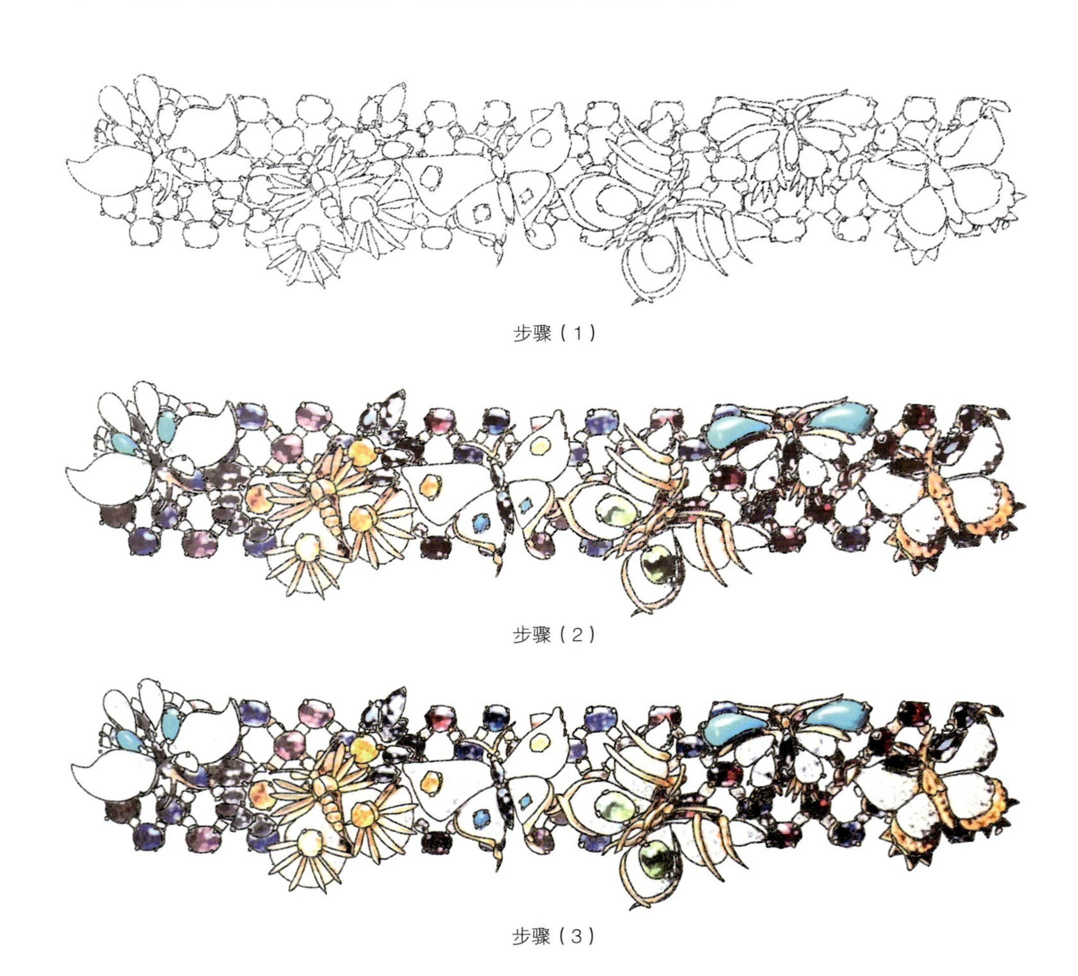

步骤（1）

步骤（2）

步骤（3）

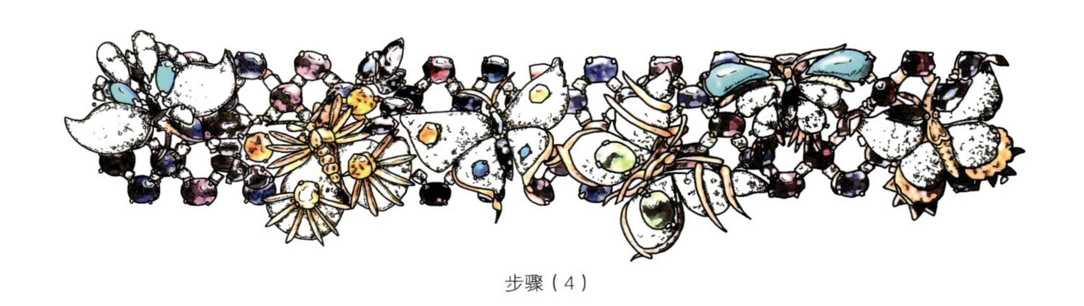

步骤（4）

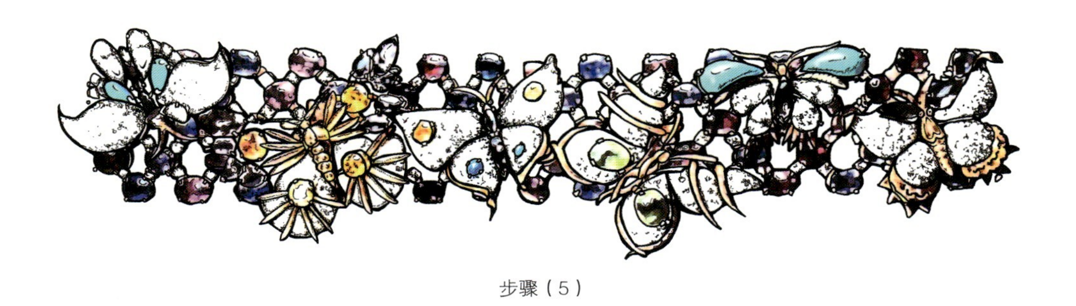

步骤（5）

图2-18 胸针绘画步骤举例2

步骤（1）：画出手环的整体造型，手环的主体是由蝴蝶的造型与珠宝拼接两部分组成，画线稿时应该将手环的每个装饰细节都画清晰，为上色做好准备。

步骤（2）：调整好造型与细节后，擦去多余线条，开始简单上色。

步骤（3）：由浅入深地将首饰上不同颜色珠宝的质感表现出来，上色的时候要稳，注意明暗交界线的表现。

步骤（4）：表现蝴蝶造型上镶嵌宝石的立体感，注意画出每颗宝石的受光面、背光面、反光面，阴影宝石的高光应当重点强调画出，不同颜色的宝石亮度与阴影应当都有不同的表现。

步骤（5）：在基本底色全色画好后，注意手环的造型是立体的，画的时候要注意细节和立体感的表达，绘画完成。

## 本章小结

◎ 时装绘画的基础是对人体造型、人体局部的了解和掌握，其中人体的整体造型是基础，在此基础之上要熟悉头部、眉眼、鼻子、嘴唇、耳朵、手部、脚部、发型等各个人体组成部分的表达。对人体造型与人体局部的绘画表达是时装绘画中重要的前提部分，需要勤加练习。

◎ 服饰局部包括对帽子、围巾、眼镜（太阳镜）、包、鞋与首饰等服饰配件的表达，这部分的绘画因为与创作者的服饰整体设计及时尚的流行密切相关，因此变化繁多，需要在基本款式掌握的基础上，锻炼推陈出新的能力。

## 思考题

1. 全身的表达、头部的表达、眉眼的表达、鼻子的表达、嘴唇的表达、耳朵的表达、手部的表达、脚部的表达、发型的表达的要点各是什么？

2. 帽子、围巾、太阳镜、包、鞋、首饰表达的要点各是什么？

第三章

# 时装画技法与表现

**教学内容：** 时装绘画的基本步骤。

常用绘画工具的表现技法。

常用服装肌理的表现技法。

**教学时间：** 12课时。

**教学方式：** 教师授课、课堂练习。

**教学媒介：** 利用多媒体授课，采取PowerPoint图文结合的形式。

# 第一节 时装画的基本步骤

## 一 基本步骤

### 1. 构图布局

在时装绘画的创作过程中，构图是一个非常重要的部分，合适的构图可以使画面更具表现力。在创作时构图因个人风格的不同而具有不同的表达。根据所需人物的多少，构图也可以分为单人构图、双人构图与多人构图三大类型。

（1）单人构图：是时装绘画中比较普遍的构图形式，它所要表达的主体单一而明确。在构图时人体一般在画面的中间位置、上下左右都留有一定的空白，这样便可保证画面的完整性。单人构图的人物一般是站立的姿势，但也会根据服装款式以及作者的偏好采取其他不同的姿势，如范画中的蹲跪、奔跑的瞬间等。如果处理得宜，这类变化会使画面生动而有变化（图3-1~图3-8）。

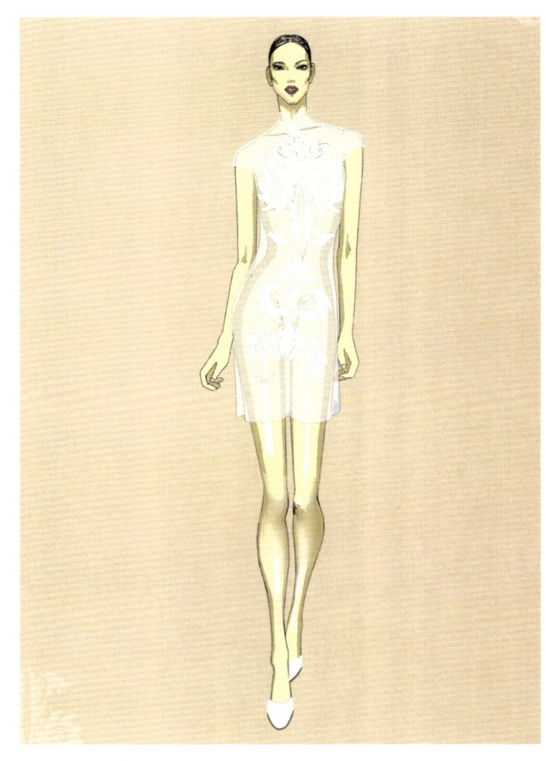

图3-1 单人构图1（作者：幺红梅）

图3-2 单人构图2（作者：张静）

图3-4 单人构图4（作者：刘睿佳）

图3-3 单人构图3（作者：时杭）

图3-5 单人构图5（作者：王凯）

图3-6 单人构图6（作者：薛立静）

图3-7 单人构图7（作者：赵朋）

图3-8 单人构图8（作者：张曼）

（2）双人构图：也是时装绘画中比较常见的构图形式，有些是两个人物大小比例相同，有些是两个人物有前后主次的关系，因此存在大小的变化。双人构图的两个人物从人体、面部造型到服装的款式与色调等方面都应该具有一定的统一性或协调性（图3-9~图3-11）。

图3-9 双人构图1（作者：梁璐瑶）

图3-10 双人构图2（作者：王贤斌）

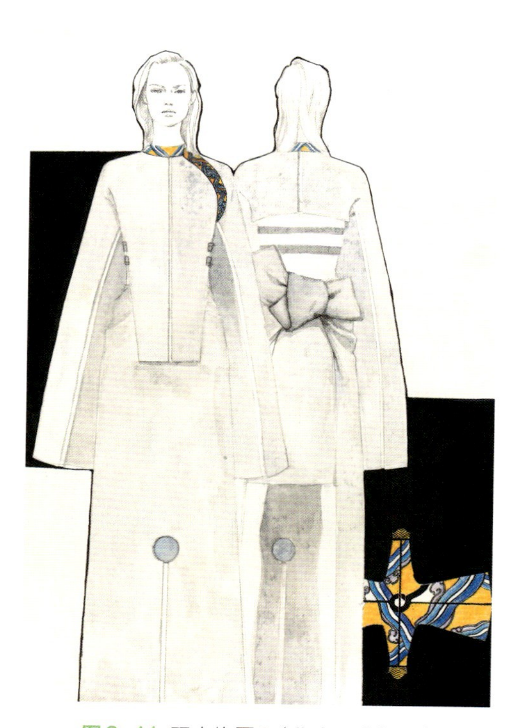

图3-11 双人构图3（作者：俞梁正）

（3）多人构图：多见于服装效果图的绘画上，一般是表现一个系列的服装。在多人构图中既有将所有人物并列排列的，也有将其进行错落排列的，还有如范画中有些人站立而有些人呈坐姿等。在一些服装效果图中也有将多人中的主要人物放在画面中较为显著的位置，人物大小也比其他几个人物略大，这个主体人物的衣着一般是设计者在这一个设计系列中的主打款式。还有一些设计者将多个人物处理成统一的大小、姿势与排列间隔，这种完全整齐划一的设计旨在突出服装本身，而人体只是作为穿衣的模特而存在（图3-12~图3-15）。

图3-12 多人构图1（作者：俞梁正）

图3-13 多人构图2（作者：关尔嘉）

**图3-14** 多人构图3（作者：李晨熙）

**图3-15** 多人构图4（作者：黄梓桐）

## 2. 绘制草图和效果图

绘制草图是根据作者先期的预想在纸上大致确定出人体的位置、人体的比例及四肢的动态，然后在其上勾勒出人体着装后的效果过程。草图的绘制过程是一个不断修改与扬弃的过程，这个过程之所以重要在于它体现了创作者设计思维不断完善与发展的全过程。在确定草图的各个元素后，就可以在此基础上在正式的绘图纸上描绘线稿（图3-16~图3-18）。

（1）草图　（2）效果图

图3-16 草图及其效果图1（作者：率菲）

（1）草图

（2）效果图

图3-17 草图及其效果图2（作者：闫梦颖）

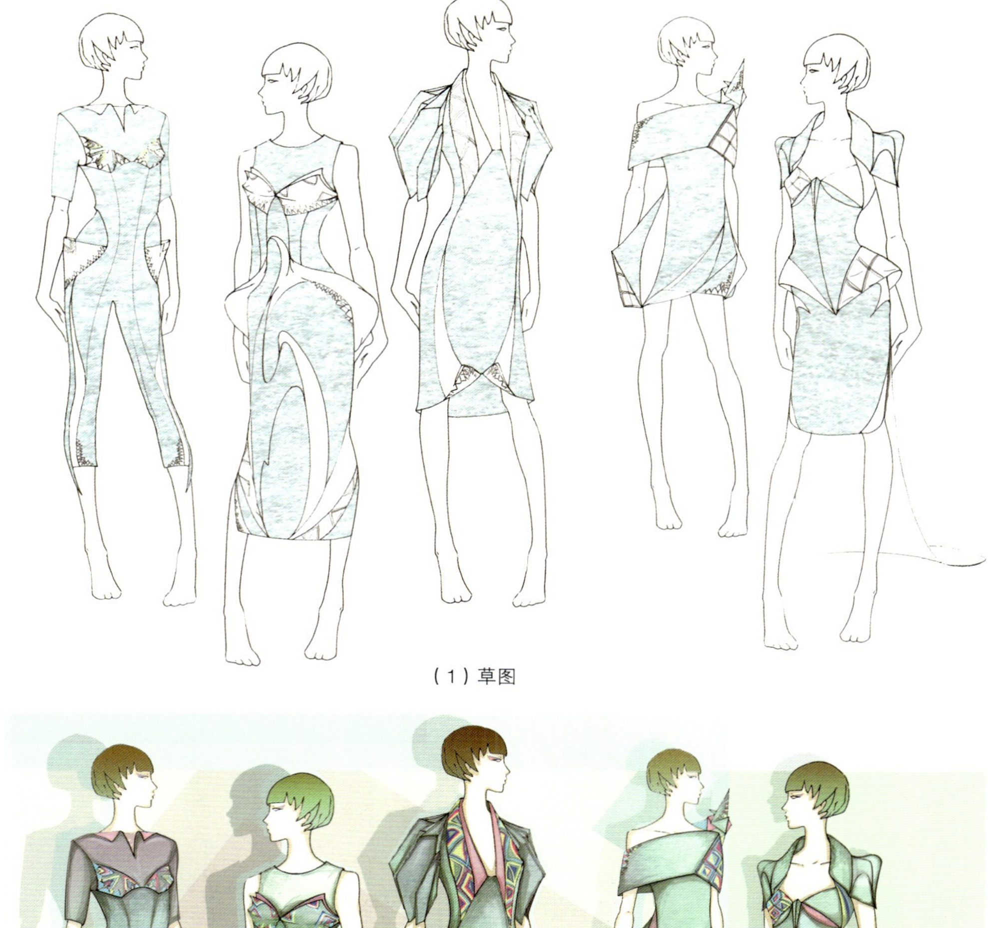

（1）草图

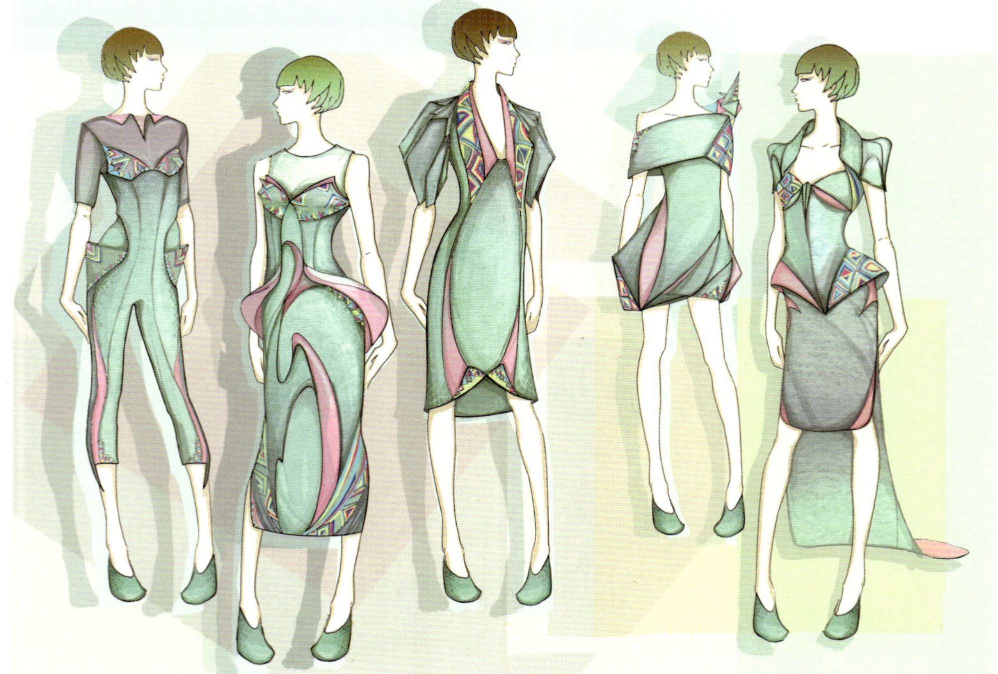

（2）效果图

图3-18 草图及其效果图3（作者：黄梓彤）

## 3. 着色

线稿画好后是着色的步骤。如果采用水彩、水粉等绘画材料，在进行上色前要先进行调色。调色可在草稿纸上进行，不断尝试确定较为满意的效果后就可以在正稿上着色。在着色的过程中一般的处理步骤如下：首先为人物的皮肤着色，在着肤色之前要先考虑衣服的色彩；然后是为衣服上大体的色调；最后是对衣服的阴影部分以及较为重要的细节着重上色。

## 4. 勾线

着色完成后就是最后的勾线过程了。为服装勾线要等到颜色完全干透之后，当然也可以根据实际表达的需要在半干的情况下勾线。勾线时可以全面勾也可以对需要着重强调的具体部位勾线。勾线时要考虑皮肤与面料不同的质感以及不同面料之间的不同质感，在此基础上选择线的粗细以及虚实（图3-19）。

图3-19 勾线草图（作者：申柳潇）

## 二 时装画步骤范例解读

### 1. 范例1（图3-20）

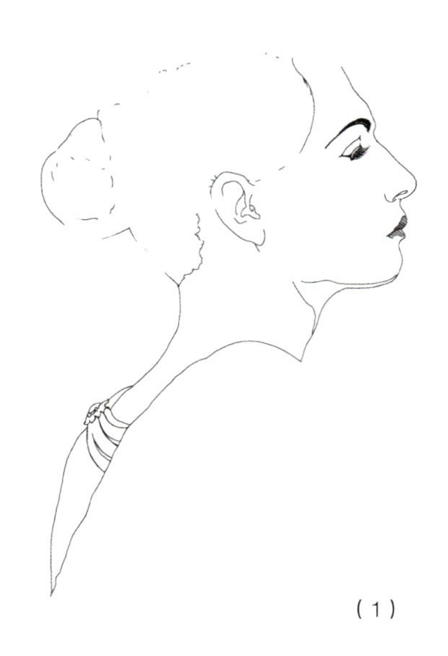

（1）

（2）

（3）

（4）

图3-20 步骤范例1（作者：黄梓桐）

步骤（1）：运用PS内置铅笔功能起线稿，从人物的五官开始进行刻画，要注意线条的流畅感、位置的准确，避免出现断线等影响效果的情况出现。

步骤（2）：不同的部位勾线可以新建一个图层，用线方式可因绘画部位不同而粗细区别，这样有利于之后的绘画及细节的调整。注意头颈肩的关系、头和手之间的比例关系及位置分布要舒适恰当，完成构图。

步骤（3）：将头发分组刻画，接着进行初步着色，选取创作所需图片及素材进行适当剪切，并粘贴至线稿中合适的位置，擦去多余的色块只剩裙身着色；用同样的方式将发饰进行着色。

步骤（4）：将其他部位进行简要上色，注意色块之间的呼应与搭配。

步骤（5）：采用拼贴的技法为画面制作底纹，使画面更有层次感。在现有的基础上，增添服饰的明暗变化；同时要注意服饰细节的刻画和花纹在人物肢体上形成的明暗关系。

步骤（6）：绘制人物妆容细节、发饰，烘托画面气氛，协调服饰、人物与背景的关系，可以适当为画面增添亮点，亦可为整体和谐度而减去多余修饰，最终使画面更加完善。

## 2. 范例2（图3-21）

（1）　（2）

图3-21 步骤范例2（作者：高雅）

步骤（1）：此画色彩浓郁且对比鲜明，起稿时注意整体构图，起稿完成后进行简要的着色，思考画面节奏与色彩分布之间的关系。注意区分主体人物与缤纷背景的前后分布关系。如背景色彩太过浓烈可用黑白处理法刻画前景，此做法可对背景形成鲜明对比，又如另辟蹊径一般的奇特效果。

步骤（2）：然后开始进行五官细节刻画，用水彩涂绘主要人物的嘴唇、衣领、衣边、腰带与裙间色，同时刻画配饰。项链的绘画要注意多层穿插关系和其质感的体现。用色上因需区别背景彩色色块，所以在上色过程中大多采用鲜明单色，以此来强调主体人物的视觉冲击感。

步骤（3）：最后用灰色马克笔在不影响画面和谐的前提下轻松绘制服饰明暗，因马克笔具有透明性、可叠加性、色彩艳丽且易挥发性，绘图时需用线果断、位置精准。在分布上要区分开前后两位人物的对比关系，注意刻画细节和重点的区分，不要用力太多均衡；同时要注重画面整体的统一感，细致调整色块分布以达到画面更为精致、完善。

## 3. 范例3（图3-22）

（1）

（2）

图3-22

（3）

图3-22 步骤范例3（作者：王笑谈）

步骤（1）：选用铅笔起稿，起稿时注意整体构图与画面节奏，要注意区分主体人物与背景的前后分布关系。线条需要流畅、简洁，不要使用断断续续表达关系不明确的线条，起稿完成后进行简要的着色，本时装画以棕蓝色调为主，着色可先进行大面积着色，确定画面主色调。

步骤（2）：采用水彩颜料进行着色交代画面的大关系，包括背景也要进行简要着色，用笔轻重缓急会表现不同张力，人物的肢体动作会对服饰造型与褶皱有一定影响，用水彩晕染法时要表达好人物服饰上细节的深浅变化。同时不要忘记将肢体与头发进行着色，在处理背景时，要注意背景的虚实，使画面看上去更有延展性。

步骤（3）：在步骤（2）的基础上强化画面的关系，加深重色，提亮浅色，使画面更为精彩鲜亮。刻画人物与服饰细节的同时完善背景，要注意人物服饰各个质感与细节的表达，处理好人物的主次关系和背景与人物的前后烘托关系，使画面更加完整。

## 4. 范例4（图3-23）

（1）

（2）

（3）

图3-23 步骤范例4（作者：申柳潇）

步骤（1）：选用铅笔起稿，起稿时注意整体构图与画面节奏，五官要精致美观、形态要自然大方。同时要注意区分主体人物与背景的前后分布关系，简要交代画面的黑白灰分布。基本形准确后用0.5mm的针管笔勾线，用橡皮擦去铅笔线条。

步骤（2）：在步骤（1）的基础上完善整体画面的关系，勾线时要注意线条的流畅与准确性，注重用线条的方向、节奏、疏密来表现画面的黑白灰关系。主体人物的留白与背景竹子与石头的关系要区分开，注意竹子的前后穿插关系与石头的质感表达。

步骤（3）：完善背景竹林的绘制，注意前后刻画程度要区分开来。在背景绘制得较为完善时再进行人物细节的绘画，用勾线法勾画服饰上的印花，注意上密下疏，区分好画面的黑白灰关系分布。在整个画面黑白灰关系处理较为完整的时候，用彩铅轻轻地绘上颜色，使画面表现出不同明暗与色彩的层次感。

## 5. 范例5（图3-24）

（1）　（2）

（3）　　　　　　（4）

**图3-24** 步骤范例5（作者：高雅）

步骤（1）：选用铅笔起稿，起稿时注意整体构图与画面节奏，当画面结构确定为“S”型走向时，要注意线条流畅、风格统一，不要使用断断续续表达关系不明确的线条。基本形准确后用0.5mm的针管笔从主体人物开始进行勾线，进行简要主体人物刻画，区分主体人物与背景的前后关系，同时交代画面的黑白灰分布。

步骤（2）：当主体人物勾线完成后，将与主体人物相关的背景或次要人物进行由中心发散到四周的方式勾线，勾线时要注意线条的流畅与准确性，注重用线条的方向、节奏、疏密来表现画面的黑白灰关系，必要时可以选用0.3mm或0.1mm的勾线笔刻画局部，如眼睛、嘴唇和发丝。

步骤（3）：在步骤（2）的基础上完善整体画面的关系，当所有勾线完成时可以用橡皮轻轻擦去铅笔线条，如笔墨未干时用力过重，极有可能毁坏勾线效果，一般需要等画面笔墨晾干后细致擦除。对于不同部位的刻画，线条也需要通过长短曲直、抑扬顿挫等方式进行区别。

步骤（4）：在整体绘制较为完善之时再加深人物细节的绘画，别忘记刻画花朵和小鱼的细节，可通过短线条、细点等技法塑造黑白体积，使得画面黑白灰关系更为和谐，整理效果更为精致。

# 第二节 常用绘画工具的表现技法

## 一 彩色铅笔的表现技法

铅笔可用于勾画草图，也可以像下列范图一样用来作为效果图的绘画工具。除了普通的铅笔外，彩色铅笔更多地被应用在时装绘画上，彩色铅笔质地相对细腻，色彩也很柔和，颜色种类多，使用方便、携带便捷，是很多进行时装绘画作者喜爱的绘图工具。彩色铅笔可以分为普通彩色铅笔与水溶性彩色铅笔两个类型。普通彩色铅笔在性能和效果上与普通绘图铅笔相似，不同点在于色彩选择多样。在表现不同的面料质感上，可适当运用虚实不同的笔触来进行勾勒与涂画，也可以用彩色铅笔与其他绘图工具相结合来描绘画面不同的部分。水溶性彩色铅笔可以在描绘完后用清水将其溶开，达到一种晕染的效果。在绘画中可以根据不同的需要将不同的部分作水溶性和非水溶性两种处理（图3-25~图3-27）。

图3-25 铅笔习作1（作者：齐迪）

图3-26 铅笔习作2（作者：刘旭远）

图3-27 铅笔习作3（作者：刘旭远）

## 二 水粉的表现技法

水粉颜料是时装绘画中较为常见的绘图工具，早在20世纪初期就被西方时装画家用作绘画工具。水粉颜料有较强的覆盖性，可以在绘画时先从颜色最深处下笔，然后一层一层地逐层覆盖，最终达到理想的效果。与相类似的水彩颜料相比，因其覆盖性强，以水粉颜料创作时有修改的余地。在绘画时还需注意的是水粉颜料在干透后颜色会比湿着的时候颜色略浅。如果在水粉颜料中加入较多的水，会产生与水彩颜料类似的效果，但后者更为清透。水粉颜料的湿度不

图3-28 水粉习作（作者：刘素倩）

同，其颜色效果也不同，因此在画面积较大的部分时，可以多调出一些颜色备用，以防后续调出的颜色与之前的颜色存在色差（图3-28）。

## 三 水彩的表现技法

水彩颜料具有透明且轻薄的特点，在绘制较为轻盈的面料肌理时很具优势，水彩还有长期保存不易变色的优点，因此也是较为常用的时装绘画材料。水彩的绘画关键是在于对水量运用的把握，水量的多少会使画面产生截然不同的视觉效果。与水粉颜料相比，水彩颜料覆盖性较差，当色彩重叠时，下面的颜色会透到上面，不适合重叠铺色，因此在绘画时要求一次就达到效果，对技术有一定的要求。水彩颜料有管装膏状水彩和盒装干状水彩两种包装方式可供选择。水彩还可以与其他绘画工具混合使用，如与水粉搭配使用（图3-29~图3~31）。

图3-29 水彩习作1（作者：闫梦颖）

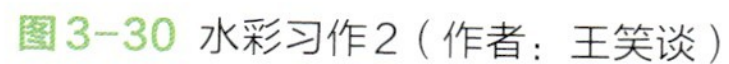

图3-30 水彩习作2（作者：王笑谈）

图3-31 水彩习作3（作者：覃凤婷）

## 四 马克笔的表现技法

马克笔可以说是众多时装绘画工具着色最为方便快捷的一种工具，因其色彩饱满、着色性佳、颜色种类丰富而被广泛使用于时装绘画中。马克笔分油性和水性两类，在覆盖性、笔触、色彩观感上颇为不同。油性马克笔效果厚重而润泽，有很强的覆盖性，适合大面积的涂抹；而水性马克笔的覆盖力则不及油性马克笔，其笔触较为清晰，颜色柔和而透明。在进行马克笔的绘画创作时，一般可以通过笔触的排列和穿插来展现其特色。用马克笔时首先要注意运笔前要打好腹稿，除根据创作需要适当留白以外用笔应果断而肯定；其次，使用马克笔应遵循“先浅后深”的着色顺序，如若反复涂抹多层颜色，其重叠部分可能会使画面脏浊。通常在深入画面时，可以采用其他工具进行下一步细节的加深或提亮，一般可与钢笔、彩铅或水彩混合使用（图3-32）。

图3-32 马克笔习作（作者：高雅）

## 五 油画棒的表现技法

油画棒和蜡笔性质类似，颜色颗粒大，色彩醇厚而艳丽，具有很强的覆盖力，又因为它油性较大具有不易溶于水的特性，可以用在一些服饰花纹的绘制上——以其他水质颜料涂抹于油画棒勾勒的花纹上时，可以凸显出这些纹样，表达具有丰富肌理的画面效果，因此创作者常常将其与水彩、透明水色等水性颜料配合使用。在绘制过程中，因油画棒自然、粗犷不好过渡，使用时要尽量结合着装人物的明暗关系和透视关系，才可以保证其最终形成一个统一和谐的画面效果。

## 六 色粉笔的表现技法

色粉笔由适量的树脂和胶与颜料粉末混合制成，极具覆盖力并且不透明，是一种质地极为细腻的粉状绘画工具，无需调色，可直接使用。它既具备了马克笔的笔触效果，又可将各个颜色相互交融。使用色粉笔时要注意运笔的虚实有度，因其很易脱色，这种画法既可以强调保留笔触，也可以直接用手或纸揉擦混合色粉线条的粉末以呈现出丰富多样的变化，可以给人洒脱、随意又神秘之感。其特点可在绘画较为柔和的面料时得以体现。此外，因其脱色性强，一般在效果图完成后需喷以适当量的定画液或发胶固色（图3-33）。

图3-33 色粉笔习作（作者：梁璐瑶）

## 七 水墨的表现技法

水墨颜料是中国传统的绘画材料，用一种墨就可以表现出不同的浓、淡、干、湿，且变化随意而微妙，具有很强的艺术性与美感。在表现上与水彩有一定的相似之处，就是当笔触重叠色彩相撞时，先下笔的颜色便会反透上来。水墨的表现具有即时性和不可更改性，因此在采用水墨这种绘画工具时要打好腹稿，起笔与落笔之时需要创作者成竹在胸。在用水墨绘制时装绘画作品之前要了解熟悉墨色的浓淡干湿以及各种笔法的不同效果；在创作时要注意对水量的运用、笔触的表达以及“留白”——画面疏密对比关系的设定。随意性与艺术性是水墨类时装画创作的特点，需要较强的绘画技巧，需要长时间的练习（图3-34）。

图3-34 水墨习作（作者：赵伟伟）

## 八 拼贴和混合媒介的表现技法

在时装设计中，“拼贴”一词最早意为粘贴，拼贴亦被称之为“混合媒介”，是一种混合材质进行艺术创作的手法，所用的材料大多不受限制，如织带、照片、面料、线、花草、纽扣及纸张等物品来补充或替代绘画步骤。使用拼贴和混合媒介技术所创作出来的时装作品具有很强的视觉吸引力，它允许绘画者抛开传统的工具和画材，选择更灵活多样的工具和材料，具有较为立体的效果，富有质感，因此广受人们的喜爱和欢迎。人们会通过结合传统时装绘画手法与不断创新的时尚概念，运用拼贴技术和混合媒介创作出打破常规概念的、具有丰富内涵与抽象想象的时装画作品。

传统的拼贴一般运用手工剪贴的方法进行制作，如今越来越多的时装画家开始使用数字功能，如Adobe公司开发的Photoshop软件来进行拼贴，可以说随着科学技术的发展使拼贴的效果和素材更为丰富多变，这也使得时装画的表现范围得到更大的延伸（图3-35、图3-36）。

图3-35 混合媒介习作1（作者：许若）

图 3-36 混合媒介习作 2（作者：刘泽昊）

## 九 软件数字化着色和渲染的表现技法

当今时装插画的新面貌，离不开数字图像软件的发展，它的出现形成了大量的矢量图形与位图，其中包括扫描与润色手绘插画、绘图板或鼠标等数字设备所制作的手绘画作等。

在数字着色、拼贴和绘制的结合之下可以实现通过数字媒体来存储艺术作品，将手绘草图与插图进行数字化扫描与编辑，进行大小的调整或强化是一种方便快捷的创作手段。也可使用绘图软件中以图标的形式存在的工具箱打造更丰富的艺术效果，其中包含铅笔、橡皮、刷子、标尺和色彩填充盒等各种绘图工具。一般数字图像软件都提供一定范围的绘画素材，使用数字化调色板以及图层便可进行绘画创作。与传统绘画颇为不同的是图层工具可以实现对图像进行独立编辑与分层保存，这一功能可以很方便地完成对画面肌理细节等元素的刻画。如今，很多时装画家与设计师都借助数字图像软件的强大功能与表现力，结合传统手绘技术，形成属于自己的设计风格。

若要更好地掌握数字色彩技术的使用，对色块概念的理解极为重要。在数字图像编辑领域，有两种可参考的色彩模式：CMKY和RGB模式。一般情况下，RGB工作速度要比CMKY模式快，主要应用于各类电子设备，如数码相机、计算机和扫描仪等屏幕展示。但如果需要进行商业印刷，则必须将RGB模式转换成CMKY模式，才能将品红色、黄色、青色以及关键色、黑色印刷到物体表面（图3-37）。

图3-37 数字工具习作（作者：程龙）

## 第三节

# 服饰肌理的表现技法

## 一 绸缎肌理表现技法

一般此类面料具有爽滑、悬垂、光泽度佳，但易折皱的特点，而光泽度是丝绸面料所有特质中最突出的一点。其材质的运用范围较为高级，适用于各类礼服或夏装。其表现手法常见的有水彩、水粉、色粉或综合方式，注意画的时候要体现出高光和反光之间的关系，通过反光的处理及色彩之间的自然过渡，重点表现丝绸的光感与柔顺的质感，即可展现出该面料的质感效果（图3-38、图3-39）。

图3-38 绸缎的表现1（作者：高雅）

图3-39 绸缎的表现2（作者：高雅）

## 二 蕾丝肌理表现技法

蕾丝类面料特点是精致、繁复、透气。这种面料的使用范围有各类礼服、内衣类服装。在技法的表现上要注意图案的精雕细刻；一般绘画时先用面料本身的浅色晕染或者平涂铺底，再使用铅笔或彩铅勾出大致的图案，注意图形之间的位置关系与穿插关系，用笔细画出纹样轮廓细节，并对纹样进行更深入的描绘，纹样呈现立体感后再画出底层网纹，添加细节。最后注意明暗交界线的刻画与亮部的表达，不要过于深入而用力过猛，考虑画面的和谐统一和主次关系表达的完整性（图3-40、图3-41）。

图3-40 蕾丝的表现1（作者：高雅）

图3-41 蕾丝的表现2（作者：高雅）

## 三 雪纺肌理表现技法

雪纺面料属于绉类织物，一般为柔软半透明质地，有着质地柔软、手感舒适的特点。雪纺是物美价廉的夏季面料，在童装、夏季服装、女性家居服上均可看见它的运用。在技法上可用水彩渲染铺底表现其柔和的特质，在高光上需展现其透明轻盈的特点，用线需流畅、果断、大胆。如若遇到有纹样的雪纺需要用铅笔轻描纹样，再用彩铅或水彩薄薄上色，并沿着纹样起伏画出褶皱的明暗关系；最后在此基础上进行细节刻画，以此展现完整展现雪纺面料的肌理效果（图3-42、图3-43）。

图3-42 雪纺的表现1（作者：高雅）

图3-43 雪纺的表现2（作者：高雅）

## 四 棉布肌理表现技法

棉类面料在外观上有着纹理时隐时现、厚实、色彩沉稳、有杂色点状颗粒物和无光泽等特点。一般适用于春夏秋三季的穿着，材质舒服自然。在表现技法上要注意区分不同位置线条的表现方式，轮廓线用线挺括、干脆、大胆；结构线用线断断续续。表现这类织物时一般要注意着重表现其结构特征。工具上可使用水彩、淡彩结合拓印等方式，遇到质感强烈的棉麻面料也可用彩铅或油画棒来综合表现，其方法是先用薄色平涂或晕染法画出大体的明暗层次，然后再进行细节纹理的深入刻画（图3-44、图3-45）。

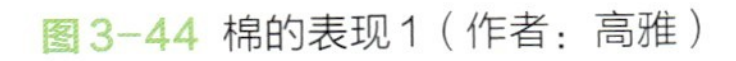
图3-44 棉的表现1（作者：高雅）

图3-45 棉的表现2（作者：高雅）

## 五 毛呢肌理表现技法

毛呢面料的特点是厚实、粗糙、手感舒适，具有一定的肌理感，结构组织清晰、明显，同时给人以温暖感。一般它的使用范畴也较为广泛，从春秋小外套到冬装大衣，甚至裙装或套装上均可运用。在表现技法上要凸显外形特征，线条要大胆自然，注意大的体量和明暗关系。绘画时一般晕染铺出受光面与背光面，用笔大方轻松，之后在明暗交界线与亮部的位置进行进一步的细节刻画，凸显面料的凹凸体积感效果，若是格纹或花纹的毛呢，先绘制出大概的明暗对比和纹样的边界，在不影响整个明暗关系表达的情况下再进行细节的绘制，以此充分展现面料的质感（图3-46、图3-47）。

## 六 皮革肌理表现技法

皮革的制作方式一般是将动物（羊、蛇、猪、马、牛）的毛皮经过化学处

图3-46 毛呢的表现1（作者：高雅）

图3-47 毛呢的表现2（作者：高雅）

理，有光面革和绒面革之分。不同动物皮革的感受也颇有不同。例如，羊皮光滑细腻柔软而富有弹性；而猪皮皮质粗犷弹性较差，但都有不易腐烂、柔韧性及透气性好等特点。因皮革是动物皮毛制成，有不同于纺织面料那样以经纬线组合的面料特别之处。故在使用上可以随意拼接，不用担心拷边之类的问题。所以它的适用范围也极为广泛，在秋冬季节的服装中，皮革成为被设计师采用最为常见的面料。当然除用来制作整件服装外，它也适用于领口、袖口及局部的小装饰上。

与皮草一样，皮革面料也分为两种，除动物皮革外，还有人造革。人造革以聚氯乙烯、锦纶、聚氨基树脂等复合材料为原料再附着在棉、麻、化纤等机织或针织底布上，制成类似皮革的制品。人造革适于做夹克衫、风衣、大衣等。虽材料不同但经过处理后的皮革具有较强的光泽度，这也是在描绘皮革中较为重要的一点。动物皮革的光泽度较为柔和，而人造革的光泽度有较为生硬的感觉。在工具上可选择滑爽及透明的水性麦克笔来展现皮草的特性，手法上注意明暗反差的表达，注意高光和反光的控制和细节的把握（图3-48）。

图3-48 皮革的表现（作者：高雅）

## 七 皮草肌理表现技法

皮草材料分为动物皮草和人造皮草两类。其中动物毛皮常见的有羊、兔、狐、獭、貂、鼠等动物的皮茎带毛革鞣制而成。人造皮草是现阶段较为流行的一大方向，人造毛皮表面的绒毛是由腈纶纤维织成，其制作方法大致是由化学纤维拉毛、拉绒而形成长毛绒面料。所以人造皮草质地轻巧、柔软、保暖性好，它适用于制作大衣、披肩、围巾、手套等。但无论是动物皮草还是人造皮草，皆具有保暖、美观等特点，主要都是被用来做御寒服装。在表现皮草类肌理时，应在体量与明暗关系把握得当的情况下着重刻画毛皮的边线轮廓，和暗部与亮部之间毛的质感。用笔方式要根据毛皮的结构和走向，也可用不同的笔触和笔刷来表现方向感和厚度，工具上除用大小毛笔以外，还可用极细的勾线笔画毛尖。描绘时也要注意毛皮的斑纹及长短有何特点，在暗部用亮色描绘出毛的绒感，也可在亮部用深色来体现毛的形状；描绘出毛的质感是对此材质特色最关键的表达（图3-49、图3-50）。

图3-49 皮草的表现1（作者：高雅）

图3-50 皮草的表现2（作者：高雅）

## 八 针织肌理表现技法

针织面料有较好的弹性，其有别于机织织物，其结构明显、纹路清晰，具有伸缩性强、质地柔软、吸水及透气性好的特点。在春秋两季节常见此面料的使用。其纹理组织疏松，表现时应在织纹和图案方面下工夫；用线粗犷流畅，技法可使用水彩与油画棒、彩铅一起综合表现。先用淡彩平铺渲染区分其明暗关系，再以铅笔勾勒出每一段针织物的位置，填充织物条纹，以突出体积感，最后还可用细笔勾勒织物的细节肌理，强调织物的凹凸感（图3-51、图3-52）。

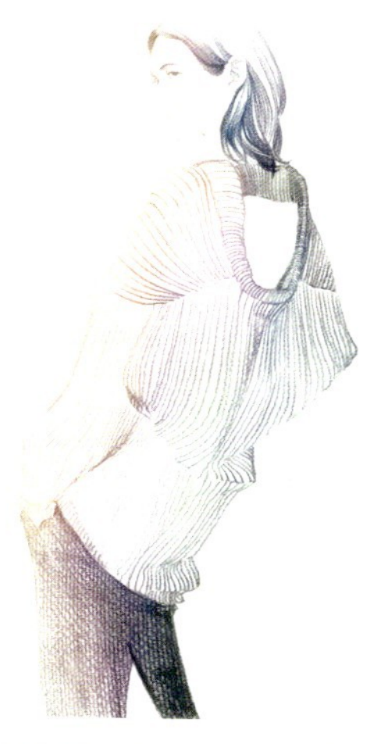

图3-51 针织的表现1（作者：高雅）

图3-52 针织的表现2（作者：高雅）

## 九 刺绣肌理表现技法

刺绣是服饰细节工艺中的一种，它不是一种单一的面料，而是附着在面料上的一种工艺的体现。由于它所附着的材料不限，所用的刺绣原料也可多方选择，以至于肌理的绘制方法亦是各式各样的。一般绘制对象刺绣选用丝绸类的丝线时，要注意丝线光泽度的表达，可参考丝绸类面料的表现技法。若是棉线刺绣，颜色大多朴实细致，技法的表现上与棉布相差不大。而若选用毛线类肌理丰富的材料刺绣，就该注意刺绣对象所呈现的粗糙肌理的表达，可用油画棒或色粉勾画出面料的图案肌理，再用水彩平涂。此外，刺绣的绘制还有一个特点在于图案的表达上，一般刺绣图案都是有一定主题风格的，表现对象的立体感的同时注意不要破坏图形的完整（图3-53）。

图3-53 刺绣的表现（作者：高雅）

## 本章小结

◎ 本章是对第一章的识记与认知，在对第二章基本掌握基础上的进一步训练，包括“时装画的基本步骤”“常用绘图工具的表现技法”和“服饰肌理的表现技法”三部分内容，每一部分针对具体内容配有相关的范画，可以在此基础上进行理解与训练。

◎ 在绘制时装绘画作品时，其过程可以分为“构图布局”“绘制草图”“着色”“勾线”等基本步骤。后两个步骤可以根据画面需要调整前后顺序。在“构图布局”阶段，单人构图 、双人构图、多人构图是三种常见的构图类型。

◎ 在本章第二节中，主要介绍了九种常用绘画工具的表现技法，包括彩色铅笔、水粉颜料、水彩颜料、马克笔、油画棒、色粉笔、水墨、拼贴和混合媒介、软件数字化着色和渲染这些内容。在创作一幅时装绘画作品时，可以只采用一种绘图工具，也可以从中进行选择，将几种技法结合起来运用。

◎ 在本章第三节中，主要介绍了九种服饰肌理的表现技法，包括绸缎肌理、蕾丝肌理、雪纺肌理、棉布肌理、毛呢肌理、皮革肌理、皮草肌理、针织肌理、刺绣肌理这些内容。因为画中人物一般都是穿着多种面料的服装，因此在创作时装绘画作品时要根据需要将其中的不同种类进行结合。

## 思考题

1. 时装画的基本步骤是什么？
2. 时装画的构图需要注意什么？
3. 时装画的常用工具有哪些？各类工具的绘画要点是什么？
4. 绸缎、蕾丝、雪纺、棉布、毛呢、皮革、皮草、针织和刺绣面料的表现技法要点各是什么？

# 专业鉴赏与专业知识

第四章

# 艺术风格与借鉴

**教学内容：** 唯美主义风格。

新艺术运动风格。

装饰艺术运动风格。

**教学时间：** 6课时。

**教学方式：** 教师授课、师生共同讨论、课堂练习。

**教学媒介：** 利用多媒体授课，采取PowerPoint图文结合的形式。

可以对时装绘画的艺术性产生影响的艺术风格与类型种类繁多，例如，中国的水墨画在虚实关系上的处理、线的运用、“留白”的构图特征以及不规则渲染所达到的非常规效果等；日本的浮世绘绘画对线条的勾勒、色彩的平涂画法、装饰细节的处理等；影响欧美一个多世纪的风格迥异的唯美主义风格、新艺术运动风格、装饰艺术运动风格、包豪斯风格等，都对时装绘画产生了深远的影响，其艺术表现形式都值得我们学习与借鉴。因篇幅所限，仅以唯美主义风格、新艺术运动风格以及装饰艺术运动风格为例抛砖引玉，希望读者拓宽时装绘画艺术表现的思路，兼收并蓄，汲取多种养分浸润（图4-1、图4-2）。

**图4-1** 浮世绘绘画作品1

**图4-2** 浮世绘绘画作品2

# 第一节 唯美主义风格

唯美主义运动（Aesthetic movement）是于19世纪后期出现在英国艺术和文学领域中的一种运动思潮，这场运动是以反维多利亚风格为特点，崇尚“为艺术而艺术（L'art pour l'art）”，具有后浪漫主义的特征。唯美主义运动中的艺术家和文学家们认为艺术应该为人们提供感观上的愉悦而并不承担传递某种道德或情感上的信息，反对将艺术作为承载道德之物的功利主义观点。他们认为“美”才是艺术的本质，并且主张生活应该模仿艺术。

英国的浪漫主义诗人济慈是唯美主义运动的先驱，他认为美的东西就是永久的欢乐。唯美主义的代表人物王尔德认为艺术应该超脱现实，游离人生“唯一美的事物，就是与我们无关的事物”。唯美主义运动思潮也对当时的绘画产生了深远的影响，涌现出一批具有影响力的画家，这些画家中的很多人同时也是书籍和杂志的插画作者。

图4-3 罗塞蒂绘画作品《白日梦》（*The Day Dream*）

## 一 但丁·加百利·罗塞蒂

但丁·加百利·罗塞蒂（Dante Gabriel Rossetti）生于伦敦，其弟威廉姆·米歇尔·罗塞蒂是著名的美术批评家。1846年，罗塞蒂进入了皇家美术学院，后因不习惯学院体制而最终选择休学。1848年以后，他前后结识亨特和米雷斯，并建立了“拉斐尔前派”。罗塞蒂在好友拉斯金开办的“工作者学校”（Workingmen's College）教授美术并与莫里斯和伯恩-琼斯一起开启了“拉斐尔前派”的第二阶段。

罗塞蒂的绘画具有鲜明的个性色彩，用色浓丽响亮；人物造型丰腴，并具有一种怡然、神秘而宁静的气质；注重对衣物质感的处理。

此幅画作（图4-3）是罗塞蒂以其第二任夫人简·莫里斯为模特所创作的经典名作《白日梦》，画中女性坐在花丛中，凝望远方，神情安静，所着绿色长袍具有绸缎的质感。罗塞蒂还为这幅画作创作了一首诗：“在梦幻之树四面伸展的阴影中，/梦直到深秋还会萌生，但没有一个梦，/能像女性的白日梦那样从心灵升华。看哪，/天空的深邃比不上她的眼光，/她梦着，梦着，直到在她忘了的书上/落下她手中忘了的一朵小花。”

## 二 约翰·艾瓦瑞特·米雷斯

约翰·艾瓦瑞特·米雷斯（John Everett Millais）于11岁就进入皇家艺术学院学习，并于17岁时展出作品。米雷斯在那里结识了罗塞蒂与亨特，他们共同发起了“拉斐尔前派”运动。米雷斯的作品具有强烈的现实主义色彩，同时又非

图4-4《奥菲利亚》（*Ophelia*）1

常灵动。米雷斯在19世纪60年代还为一些书籍和杂志做过插图创作，如《丁尼生诗歌》《十九世纪诗人》《好活儿》《每周一次》等（图4-4）。

米雷斯这幅《奥菲利亚》以绿色和棕色为主色调，浮于水中的奥菲利亚穿着一袭华美的长裙，裙子的颜色与画面左侧的棕色大树以及河面没有浮草的部分形成色调上的统一，树叶与水草的勃勃绿色与失去生命的女主人公形成鲜明的对比。

##  阿瑟·修治

阿瑟·修治（Arthur Hughes）出生在伦敦，就读于皇家美术学院，并在那里结识了罗塞蒂、亨特和米雷斯。修治的绘画风格明显受到“拉斐尔前派”风格的影响，其绘画作品多取材于奥菲利亚、亚瑟王的故事以及但丁的文学作品，画中的女性都是永恒的精灵般形象，并钟爱室外的背景。修治从1860年开始为书籍做插画的绘画工作，修治可以说是拉斐尔前派中最成功的插图作家，他的插画风格对后世的很多插画家产生了深远的影响（图4-5）。

图4-5《奥菲利亚》(*Ophelia*)2

此幅画作《奥菲利亚》是作者比较著名的一幅画作。画中的奥菲利亚皮肤白皙，在光影的影响下散发着润泽的光，身上的长袍虽然也是白色，但与肌肤相比具有不一样的质感。奥菲利亚的面部美丽、宁静而又灵动。

## 四 约翰·威廉姆·渥特豪斯

约翰·威廉姆·渥特豪斯（John William Waterhouse）出生于罗马的一个艺术家庭，其艺术的启蒙者是他的父亲，后在1870年进入皇家美术学院继续学习绘画。渥特豪斯在创作中善于从文学与艺术中汲取灵感，这使得他的作品具有一种诗意的气质，渥特豪斯被称为拉斐尔前派的画家，同时也是古典主义的代表。

渥特豪斯塑造的女性形象具有“拉斐尔前派”女性风格特征，苍白、神秘且双眸中闪现摄人心魂的目光。其代表作有《夏洛特夫人》《圣女厄拉里阿》《无情的美丽夫人》《许拉斯和水仙们》《人鱼》等（图4-6）。

图4-6《夏洛特夫人》（*The lady of Shalott*）

这幅《夏洛特夫人》是渥特豪斯画作中最为著名的作品之一，其主题来源于丁尼生的同名诗歌，准确地扑捉了诗歌中的一个瞬间。画中女性纤细柔弱，面部具有一种悲哀的神情，服装为浅浅的蓝色，在错综复杂的湖面和树林的背景下，使得整个人物形象非常出挑。

# 第二节 新艺术运动风格

“新艺术运动风格”（Art Nouveau style）是19世纪末20世纪初的艺术运动以及这一运动所产生的艺术风格的术语。“新艺术”风格的流行时间大约从1880~1910年，跨度近30年，是指当时在欧洲和美国开展的装饰艺术运动。新艺术运动以英国、法国和比利时为中心，波及德国、奥地利、意大利、西班牙和美国，许多国家在短时期里都出现了新艺术现象。由于文化背景和影响因素的不同，新艺术在各国呈现出不同的特点和风格。

“新艺术运动”的名字源于萨穆尔·宾（Samuel Bing）于1895年在巴黎开设的一间名为“新艺术之家（La Maison Art Nouveau）”的商店，他在那里陈列的设计作品都是按照这种特征所设计的。1900年4月，在法国巴黎，万国博览会开幕，这次博览会因4000万的参观者而达到历届博览会人数之最。在这次博览会上，宾的设计作品引起很大的反响从而使“新艺术之家”之名广泛传播，并因此将“新艺术”来命名这场设计革命。

“新艺术运动”的产生直接受到了“工艺美术运动”的影响，许多新艺术的艺术家也是工艺美术运动的参与者，它延续和发展了工艺美术运动的自然植物造型。“新艺术运动”推崇对自然的回归，并从自然中寻找艺术造型与灵感的来源，因此自然界中的植物、花卉、昆虫等元素都是这场运动的灵感素材。“新艺术运动”的主要特征是流动的装饰性曲线造型，如S状、涡状、波状，藤蔓一样的非对称的自由流畅的连续曲线，以错综复杂的曲线和富于节奏的造型来塑造一种优雅、婉转而细腻的设计风格。

“新艺术运动”放弃了传统的装饰风格，沿着自然风格的道路走去，强调曲线、有机的形态，其装饰元素多来源于自然的形态。《世界美术词典》在“新艺术”的词条中这样写道：“它以流畅、优雅、波浪起伏的线条和轮廓为主，其形状、纹理甚至色彩都从属于这些特征。线条常常被化成像‘鞭绳’一样，因为它弯曲交缠，首尾难辨。”

“新艺术运动”为打破纯艺术和实用艺术之间的界限做出了有益的尝试，其设计内容几乎涉及所有的艺术领域，这个时期诸多艺术门类中的作品都成为设计中的经典，具有代表性的艺术家，例如，奥博利·比亚兹莱（Aubrey Beardsley），他只用黑白两色和线条就打造了一个充满神秘、美艳又带有颓废色彩的世界；安东尼·高迪（Antonio Gaudii Cornet），其建筑设计将天才的想象力与具有奇妙块状动感的造型相结合，打破了现实与魔幻之间的距离，使得他的建筑具有一种超凡的力量；勒内·拉力克（René Lalique），其首饰设计灵感来源于动植物，是形象、色彩与材质的精妙结合；埃克多·基马（Hector Guimard），他的巴黎地铁入口设计取材于植物的曲线，美观而具有标识性，成为巴黎的标志性符号之一。

因篇幅所限，下文介绍四位新艺术风格的艺术家的作品，其中奥博利·比亚兹莱与阿尔夫斯·默哈（Alphonse Mucha）的平面设计作品，人物造型独特、风格迥异，前者注重黑白对比及线条的运用，后者打造了浪漫的风格并在色彩的运用上形成了个人的风格特征，两者都可以为时装绘画提供造型、风格以及艺术表现上的借鉴。勒内·拉力克与乔治·弗奎特（Grorges fouquet）的新艺术风格的首饰设计师，他们的首饰设计取材于自然界中的动植物，并将动植物的造型与各种珠宝材质进行巧妙地结合，这些设计可以为时装绘画中的人物首饰造型带来灵感。

## 一 奥博利·比亚兹莱

1872年8月21日奥博利·比亚兹莱（Aubrey Beardsley）出生于英国南部海滨城市布莱顿（Brighton）。父亲名为文森特·比亚兹莱（Vincent Beardsley），母亲名为埃伦（Ellen）。1888年比亚兹莱中学毕业后随父母搬到伦敦，先在一家建筑师办公室工作，后成为保险公司的职员，他一边工作，一边在一个绘画工作室里学习人体绘画。1891年比亚兹莱结识了画家爱德华·伯恩·琼斯爵士（Sir

Edward Burne-Jones），后者慧眼识珠鼓励他走职业画家的道路。1892年夏天，比亚兹莱接受了出版商绘制《亚瑟王之死》插图的任务，这是他第一个正式的委托项目，从此他走上职业画家的道路。

比亚兹莱这位早逝的天才只活了26岁，但却无损其作为"新艺术运动"中平面设计领域的里程碑式人物的地位。比亚兹莱的作品游走于简洁与繁复之间，只用黑白两色就建立起一个丰富的视觉世界，其作品善于以流畅的线条来塑造不同的形象，"疏可走马、密不透风"——具有巧妙的疏密节奏，使得空间的构图与内在的情致达到和谐的统一。比亚兹莱作品中的人物形象既有纯真与美艳，也有诡异与怪诞，形成了具有强烈个人色彩和标识性的艺术风格。

由于自幼受母亲文学与音乐的教育与熏陶，这使得比亚兹莱在这两方面具有良好的素养，因此其画作充满诗样的浪漫主义情怀以及丰富的想象力；但同时他独特的趣味又使得他的很多画作具有诙谐、颓唐、情色甚至邪恶的色彩，画中很多人物形象具有妖冶而魅惑的神秘表情。这种矛盾的力量使得比亚兹莱的作品具有独特的绘画"表情"。

### 1.《黑斗篷》插图

《黑斗篷》是比亚兹莱为《莎乐美》所做的一幅作品，比亚兹莱曾这样说："它虽然美妙，但是（和原文）却毫不相干"。画中莎乐美的肩部服饰造型灵感来源于19世纪早期日本画家春江斋北英的作品《武士俯视图》。比亚兹莱以他独特的视角将《武士俯视图》中武士肩部一层的坎肩化为六层，非常具有形式感以及视觉冲击力。这种独特的服饰设计具有一种独特的美感（图4-7）。

图4-7《黑斗篷》插图

## 2.《莎乐美的梳洗室 Ⅱ》插图

此幅莎乐美的插图，其服饰是当时最流行的款式之一，胸前的蕾丝花边以虚线表现，同样数层的裙身褶裥也以虚线表现。收腰、蓬裙以及黑白大色块的对比，达成了独特的节奏。小丑作为一个辅助的存在，只以简单的线条勾勒。画面前方右侧的架子与后方左侧的日式拉门形成一种非对称的平衡（图4-8）。

图4-8《莎乐美的梳洗室 Ⅱ》插图

## 3.《帕特里克·坎贝尔女士》插图

帕特里克·坎贝尔是法国歌剧演员，比亚兹莱非常喜欢她的表演，并于1894年为坎贝尔创作了这幅画像。画中的坎贝尔身穿羊腿袖塑身长裙，衣服只以简洁流畅的线条勾勒，画中主人公的头发和帽子都为黑色，帽檐上一朵用线勾勒的花朵与衣身简单形成呼应（图4-9）。

图4-9《帕特里克·坎贝尔女士》插图

## 4.《萨伏伊》插图

此作品是《萨伏伊》第一期的扉页，整幅画呈对称性构图，左右各一人，左边的女士穿一件长袍，领口、袖口和下摆是美丽花朵组成的花边，头上插着数支羽毛。左右细线勾勒的幕布形成画面的背景，线的纤细凸显了主体人物粗而有力的服装边缘，形成了明确的主次关系（图4-10）。

## 5.《劫发记》插图

此《劫发记》的插图用繁复的笔触将18世纪的贵妇形象表达出来，是比亚兹莱以钢笔向此时期铜版画致敬的作品。人物的肌肤留白，撑架裙的外层是在白底上装饰花卉，内层的纱裙以无数的点组成；次要人物以及窗饰、地板组成了较为暗色的背景。图中五个人物所着服饰的处理值得借鉴（图4-11）。

图4-10《萨伏伊》插图

图4-11《劫发记》插图

##  阿尔夫斯·默哈

阿尔夫斯·默哈（Alphonse Mucha）1860年生于捷克，是19世纪末期具有重要地位的装饰艺术家。默哈从1890年前后开始他的插图创作的生涯，1910年为布拉格市政府创作大型壁画，于1938年开始创作“理性时代”“智慧时代”和“大爱时代”三联作，但不幸未完成就因病去世。默哈艺术风格独特的插图、海报与封面设计具有与众不同的独特面貌，形成了独具个性化的设计语言，其作品可谓法国新艺术风格的标志之一。默哈所创作的女性形象，美丽、纯真而妩媚，具有吸引人的魅力，也引起了众人的争相模仿。

### 1.《JOB香烟》海报

此幅《JOB香烟》海报被公认为是默哈最优秀的作品之一（图4-12）。画中的女性身形丰腴，眉如新月，星眸微闭，朱唇轻启，螓首轻扬，浓密的及腰秀发如藤蔓般卷曲，唯一的装饰是鬓边装饰的珊瑚珠发饰，以上的所有组合在一起使得这位美丽的少女具有一种纯情的妩媚风姿，将新艺术情调展现得淋漓尽致。整

图4-12《JOB香烟》海报

幅画作以咖啡色和黄色为主色调，色彩和谐统一。对人物形象、发式及色彩的处理都能够对时装绘画产生灵感。

## 2. 《夏》、《秋》海报

这两幅《夏》、《秋》海报是默哈为当时著名的女演员莎拉所创作的。完成后莎拉对默哈这种清新、自然的画风非常喜爱并由此开始两人长期的合作——默哈陆续为莎拉创作了一系列的舞台服装、饰品及宣传海报的设计（图4-13）。

《夏》中的夏之女神斜倚在溪边，头戴艳丽的红色罂粟花花环，女神穿着一袭素色的长裙，双眸盯向远方，左手的拇指轻抚朱唇，具有一种天真烂漫又妩媚的气质。长发依然是弯曲盘旋的样式。画面背景浅蓝色的天空中有阳光洒开，近处溪水上有赤裸的小腿和双足的倒影，整幅画面平静而清凉。《秋》中的秋之女神斜靠在花圃边的石头上，身穿吊带长裙，头上戴着象征秋天的菊花花环，左手拿着一只小碟子，右手在采摘紫色的葡萄，长发依然蜿蜒扭转，神情惬意而安然。

图4-13《夏》、《秋》海报

## 三 勒内·拉力克

勒内·拉力克（Rene Lalique）是著名的法国首饰设计师。拉力克于1860年出生于巴黎东北部地区，1862年全家迁居巴黎并在当地开始他的学习和训练生涯。拉力克在1900年就达到了其珠宝实业的顶峰，其设计的珠宝饰品线条流畅，造型优美，极具个人风格。在此后的几年间他又将设计领域扩大到雕塑、花瓶和餐具等品类（图4-14）。

19世纪的法国妇女不再满足于以往对男性的附庸地位，男女平等的思想体现在了此时的艺术品创作上，很多新艺术的艺术家也因此塑造自然女性化的形象，如拉力克最为人所熟知的这枚蜻蜓胸饰。

图4-14 蜻蜓女人胸饰

这款蜻蜓女人胸饰用了黄金、象牙、水晶、珐琅、钻石、月长石等材质，以绿色和金黄色为主色调。象牙质的人物祥和、柔美而庄重，蜻蜓的珐琅质翅膀具有透明的质感，点缀以钻石的华美，璀璨夺目。此款胸饰将女性的头胸部形象与蜻蜓的翅膀与尾部做了巧妙的结合，给人一种无限遐想的空间与非同一般的情趣。

## 四 乔治·弗奎特

乔治·弗奎特（Grorges fouquet）从28岁开始就在父亲位于巴黎的珠宝公司工作，并五年后出任公司经理一职，这使得他有机会将钟爱的新艺术风格引入此珠宝公司并作相关的设计（图4-15）。

1899年，受当时著名影星莎拉委托，弗奎特设计了这款造型独特的展翼蛇形胸针（图4-15），此胸针明显受到“新艺术”风格的影响，取材于自然界中的动物（蛇）和植物（花卉）形象。

图中上方的展翼蛇形胸针，呈“S”型盘曲的蛇身是以绿玻璃为材料，造型与色彩都非常逼真，与此形成对比的是暖色的珐琅质双翼，左右对称，形成一种稳定性。

图中下方的黄蜂花卉胸针造型独特，将花卉与枝蔓、叶子组合成胸针的曲线造型，向下低垂的花朵下一只肥满的黄蜂憨态可掬，看似随意的金色线条分割地极为巧妙，为整款胸针增添了几许灵动。

**图4-15** 胸针设计（上：展翼蛇形胸针 下：黄蜂花卉胸针）

# 第三节 装饰艺术运动风格

装饰艺术运动风格（Art Deco style）是继新艺术运动以后又一场具有国际影响的设计运动。装饰艺术运动于20世纪10年代在法国巴黎萌芽，后影响了欧美许多国家，一直持续到1935年前后，“Art Deco”其名源于1925年在巴黎举办的“世界现代工业和装饰艺术博览会（Exposition Internationale des Arts Décoratifset Industriels Modernes）”。

不同于“新艺术运动”对曲线、自然界动植物以及不对称造型的推崇，装饰艺术运动更多地运用直线以及对称的造型。“装饰艺术运动”的很多设计作品尤其是家具设计都采用了明快简练的几何形处理方式，具有更为积极的时代意义。

“装饰艺术运动”在形式与功能两者之间首先选择后者，这是随着工业化的发展而产生的设计观念的改变，它顺应了时代，从而使它的设计理念对后世产生了深远的影响。同时，“装饰艺术运动”同样具有其鲜明的艺术特征，它所尊崇的装饰美与“新艺术运动”一样具有打动人心的独特魅力。

“装饰艺术运动”中在与时装相关的绘画领域，其风格更加多样，作用更为直接，在下文所介绍的保罗·波烈、雅克·杜塞、简·巴杜、帕康夫人、乔治·巴比亚、埃尔泰中，波烈、杜塞、巴杜与帕康夫人是当时著名的时装设计师，而巴比亚、埃尔泰则是著名的平面艺术家。

## 一 保罗·波烈

保罗·波烈（Paul Poiret）作为名垂史册的服装设计师，被誉为“革命家”和20世纪第一位真正意义上的服装设计师。波烈具有独特的思考方式，是率先采用橱窗陈列这一新颖方式的服装设计师，他还率领模特穿着自己设计的服装周游莫斯科、柏林等欧洲城市，展示自己的作品。

波烈善于从不同国家与民族的服饰中汲取灵感，设计了诸如希腊风格长裙、“蹒跚裙”（又名“霍布尔裙”，Hobble skirt）、“孔子”大衣与土耳其式裤子等一系列时髦的款式。

1906年，波烈推出高腰身的希腊风格长裙，把束缚女性几百年的紧身胸衣摒弃，这一革命性的举动奠定了女装流行的基调。他提出上衣的支撑点不在腰部而在胸部的观点，暗示出腰部不再是女性魅力的唯一存在，这在服装史上具有划时代的意义。1910年，波烈推出“蹒跚裙”，放松腰身，使膝部以下收紧，在收小的裙摆上作了以个深深的开衩，将人们的视线转移至腿部（图4-16）。

**图4-16** 保罗·波烈时装设计作品
[（G.Lepape）绘制]

G.Lepape为波烈所绘制的这款长裙是典型的古希腊风格的样式：去除了紧身胸衣与撑架裙，将腰线提高到胸部以下，摒弃多余的繁复装饰，突出人体本身的自然美。

## 二 雅克·杜塞

雅克·杜塞（Jacques Doucet）是法国服装设计师、艺术品收藏家。他的收藏作品颇丰，还资助了著名的文学家马克思·雅各布。这幅由（H.R.Dammy ）所绘制的服装设计作品是一款家居服设计：高高的腰节，腰间和袖口花朵般的褶裥，系于身体右侧的有缀饰的衣结以及领口、袖口和裙摆的皮草镶边，微露一角的小巧缎子尖头鞋，使得这款家居服具有一种随意、闲适而又华美的气息。背景壁纸与鸟笼的红色系使得主体的服装更为突出（图4-17）。

## 三 简·巴杜

作为20世纪20年代最伟大的服装设计师之一，简·巴杜（Jean Patou）的服装设计作品于简约中散发一种典雅的气质，这可能是受“装饰艺术运动”中简洁直线条的影响，这种造型方式对巴杜的服装设计影响深远。巴杜的时装屋有织造、染色、刺绣、设计、剪裁、缝制等一系列创造工作室，他还设计了专属的色彩与面料，其作品受到人们的喜爱（图4-18）。

图4-17 雅克·杜塞的服设计作品（H.R.Dammy）绘制

图4-18 简·巴杜时装设计作品

这幅时装插画是巴杜的外出服设计，捕捉的是女佣为两位刚刚回到室内的时髦女性更衣的画面：这两位女士身穿20世纪20年代典型的“管子风貌（Tubular style）”衣裙，这种不突出女性三围凹凸的直线形造型是这个时期女装的重要特征，穿在衣裙之外的是领口、袖口镶皮草的直腰身大衣，与此相搭配的是窄檐的半圆形帽子。此张画作用色丰富，突出主体的服装，弱化背景，是此时时装插画的一种典型形式。

## 四 帕康夫人

原名为让娜·贝克斯在1891年嫁给了银行家帕康先生并创建了自己的时装屋，因此被尊称为帕康夫人（Madame Paquìn），“帕康的名字是这一时期‘高雅’的代名词”，帕康时装屋也是这一时期巴黎高级时装的一线品牌。帕康夫人善于运用黑色、银色、金色等色调，其设计的一种红色甚至被命名为“帕康红”，她还非常善于运用不同种类的皮草来装饰服装。帕康夫人还请当时的画家把自己的作品画出来并出版了《帕康的扇子与毛皮》作品集（图4-19）。

图4-19 帕康夫人时装设计作品（乔治·巴比亚绘制）

这幅时装插图是由著名插图画家乔治·巴比亚所绘制，画中主人公是穿着帕康夫人所设计的外出服的窈窕女郎。“X”型束腰镶皮草蓝底红花外套下是紧身的黑色至脚面长裙，同色的礼帽上装饰有数支羽翎。此幅插画属于不对称构图，背景以浅米黄、白色和黑色做了节奏上的分割，更加突出了主体的服装形象。

## 五 乔治·巴比亚

乔治·巴比亚（George Barbier）的设计领域较宽——包括俄式芭蕾演出服装在内的服装设计、舞台布景以及插画，被认为是“装饰艺术运动”风格时期最为杰出的插图画家之一。巴比亚应约定期为一些时尚杂志绘制插画，在这个过程中逐渐形成了自己的风格：他笔下的女性具有一种成熟的气质，善于运用背景的色调来突出主体的服装。此外，巴比亚的很多创作灵感都来源于中国文化（图4-20）。

这幅画描绘的是一位金发雪肤的妇人，身穿装饰有珠绣的白色长外衣，在衣服的衣领、袖口等处镶有同为白色的皮草。颈间悬挂的白色长珍珠项链是此时流行的配饰，与衣服上的珠绣形成呼应，此外，水滴型浅绿耳环为它的佩戴者更增添了几许温润。值得一提的是女人身后的屏风的图案明显取材于中国元素，主色调的黑色更加衬托出主体服装的白调子。

图4-20 乔治·巴比亚插画设计——饰有珠绣的天鹅绒外套

## 六 埃尔泰

埃尔泰（Erte）是“装饰艺术运动”时期著名的设计师与插画师，他曾为当时多部音乐剧、歌剧设计戏服，其最为人所称道的是与著名时

图4-21 埃尔泰设计的《哈泼芭莎（*HARPER'S BAZAR*）》封面

尚杂志《哈泼芭莎》绘制插图，双方的合作长达22年之久，这极大地提升了他的知名度，使之成为20世纪初最著名的时尚插画艺术家（图4-21）。

这幅图是埃尔泰为1923年12月号的*HARPER'S BAZAR*设计的一张封面，主体画面的背景是浅紫色，点缀以白色的雪花；画中人物服装以黑、白、红为主色调；封面中字的部分是以土黄、咖啡色以及黑色三色横条进行分割；三组色彩各成一个体系又相互融合，显示了埃尔泰对色彩高超的搭配能力。

## 本章小结

◎ 可以对时装绘画的艺术性产生影响的艺术风格与类型种类繁多，如中国的水墨画、日本的浮世绘、唯美主义风格、新艺术运动风格、装饰运动风格、包豪斯风格等，其艺术表现形式都可以对时装绘画的艺术表现提供养分。

## 思考题

1. 新艺术风格、唯美主义风格、装饰运动风格可以为时装画增添怎样的艺术性?
2. 新艺术风格艺术家及其作品举例。
3. 装饰风格艺术家及其作品举例。
4. 唯美主义风格艺术家及其作品举例。

# 第五章

# 时装画作品赏析

**教学内容：** 对优秀时装画作品的鉴赏。

对优秀时装画作品的分析。

**教学时间：** 6课时。

**教学方式：** 教师授课、师生共同讨论、课堂练习。

**教学媒介：** 利用多媒体授课，采取 PowerPoint图文结合的形式。

## 第一节
# 时装画作品赏析·类型一

赏析：此幅作品服装的精彩之处在背部，因此画中人物的姿势选取了能够突出这部分服饰背部侧身的角度。蕾丝材质的服装与其上的立体花卉以及背部的珠饰形成材质上的对比，人物的肤色、发色与裙子的颜色和谐统一（图5-1）。

赏析：衣服所用的是作为对比色的黄色与紫色，但两者之间存在不同：黄色面料是平面的肌理，紫色面料上有着凹凸感的穗饰（图5-2）。

图5-1 时装画作品1（作者：高雅）

图5-2 时装画作品2（作者：高雅）

图5-3 时装画作品3（作者：高雅）

赏析：此幅作品服饰色彩浓烈、艳丽、繁复，因此在肤色和头发的处理上就相对素雅、简洁（图5-3）。

图5-4 时装画作品4（作者：高雅）

赏析：此幅作品用色大胆明艳——桃红、草绿、金黄。旗袍式及膝裙上的格状阴影描绘增加了内层缎子面料和外层针织装饰之间的空间感（图5-4）。

**赏析**：人物面部的立体化处理与衣服上图案的平面化处理形成对比。此外，头发丰富的颜色与层次、溢出服装轮廓的花纹以及作阴影处理的右臂都显示了作者的思考（图5-5）。

图5-5 时装画作品5（作者：高雅）

**赏析**：此幅作品表现了四种不同的材质：衣服的丝绸与毛线面料、耳环的珠饰以及皮革的手包（图5-6）。

图5-6 时装画作品6（作者：高雅）

**赏析**：丰富的渐变色彩塑造了人物具有光泽感的肤色，唇色鲜明；黑白色分割塑造出墨镜的反光；额发上的一抹蓝色与衣服的颜色形成呼应（图5-7）。

图5-7 时装画作品7（作者：高雅）

# 第二节
# 时装画作品赏析·类型二

图5-8 时装画作品8（作者：赵伟伟）

**赏析**：整幅画面简洁整体，充满艺术感。朱红色与浅灰色形成了漂亮的色彩对比，头部的处理极具巧思（图5-8）。

图5-9 时装画作品9（作者：赵伟伟）

**赏析**：衣服采用不对称处理，红黑灰三色的组合简洁、漂亮。人物的眼部描绘很到位（图5-9）。

图5-10 时装画作品10（作者：赵伟伟）

赏析：干净的画面更突出了衣服的设计细节，对色彩与明暗恰到好处的平衡也是这幅作品的特点（图5-10）。

图5-11 时装画作品11（作者：赵伟伟）

赏析：虚化的画面处理使此幅作品具有不同的风格，“S”型的人物曲线也是画面背景的分割线（图5-11）。

**赏析：**服饰采用夸张的处理方法，紫色和白色形成鲜明的对比。肤色与背景的颜色形成一种统一，使得服装更为突出（图5-12）。

图5-12 时装画作品12（作者：赵伟伟）

## 第三节

# 时装画作品赏析·类型三

赏析：以线的巧妙排列塑造出人物以及头饰，线的疏密与组合使得每个不同的组成部分都具有不同的观感，构思巧妙（图5-13）。

赏析：将服装人体与圆型进行巧妙的结合，画面色彩统一，并利用渐变的手法使其充满层次感（图5-14）。

图5-13 时装画作品13（作者：赵伟伟）

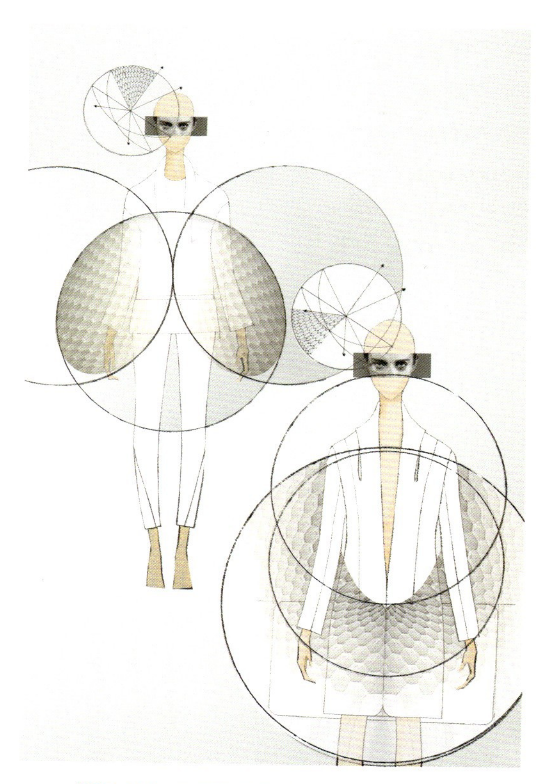

图5-14 时装画作品14（作者：赵伟伟）

赏析：用穿在衣架上的衣服来展现服装，将服装上的结构、省道、扣位都作为装饰点或装饰线，体现了作者巧妙的构思（图5-15）。

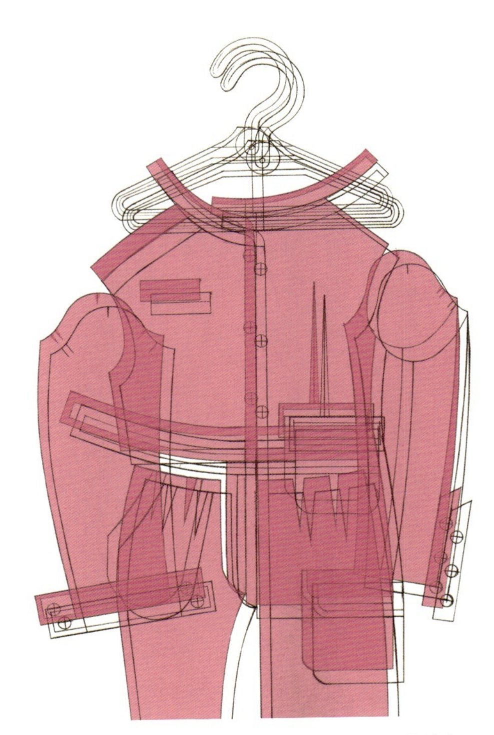

图5-15 时装画作品15（作者：赵伟伟）

赏析：独立的衣服构成了画面的全部，细密的笔触下是表现微妙的红、绿、蓝、黄、紫等色块（图5-16）。

图5-16 时装画作品16（作者：赵伟伟）

# 第四节 时装画作品赏析·类型四

赏析：整幅作品以红色为主色调，黑色的鞋袜与黑色的轮廓线平衡了红色的跳跃；漂浮的长发与漂浮的衣带使画面更加灵动；服装上的纹样被作为背景使画面更为丰富。此幅作品为时装画大赛获奖作品（图5-17）。

图5-17 时装画作品17（作者：胡忠潮）

**赏析**：此幅为手绘作品，花卉与色调借鉴了浮世绘的元素。作者在绘画过程中尝试了三种不同的颜色搭配，此为最后定稿的作品：整体为灰调子，内层服装用深色、外层用浅色，背景深棕色的装饰带反衬出乳黄色衣服以及衣服上红、蓝、黄三色的花卉。衣服肤色用纸本身的本白色，头发以渐变来处理出层次（图5-18）。

图5-18 时装画作品18（作者：高雅）

赏析：线的灵活运用是这幅作品的特色——人物五官的线条、头发的线条、绸缎的线条、皮革的线条……背景的分割线也很有特点（图5-19）。

赏析：衣服上图案的灵感来源被作为背景装饰在画面的两侧，服装的主体是大面积的浅色调，只在领口、袖口、下摆和鞋子上点缀更深的色调，塑造出一种婉约的风格（图5-20）。

图5-19 时装画作品19（作者：胡忠潮）

图5-20 时装画作品20（作者：胡忠潮）

图5-21 时装画作品21（作者：高雅）

赏析：此幅作品画风婉约，人物头部的蕾丝和身上衣服的羽毛具有一种和谐的统一，皮肤只在细微处做了浅肉色的处理，几只蝴蝶使得整个画面灵动起来（图5-21）。

# 第五节
# 时装画作品赏析·类型五

赏析：此幅作品人物采用坐姿，构图和谐，头饰又为背景的一部分，远处“星球”的背景很有特点；两只鞋子不同的处理方式体现了作者巧思（图5-22）。

赏析：作者运用纯熟的电脑绘画技法将传统与时尚两种气质结合了起来（图5-23）。

图5-22 时装画作品22（作者：邓睿）

图5-23 时装画作品23（作者：邓睿）

**赏析**：背景的水波和穿梭于发间的金鱼打造了一个水下的世界（图5-24）。

图5-24 时装画作品24（作者：关尔嘉）

**赏析**：此幅作品表达了作者的心境——粉红色头发的主体人物探出水面漂浮，是在平静而不起波澜的生活中透一透气，右下角是一只小黄鸭玩具，为画面增加了一丝诙谐（图5-25）。

图5-25 时装画作品25（作者：程龙）

**赏析**：此幅作品具有画面故事性，描绘了一个坐在海边的女孩，作者对光线的处理很巧妙，悄悄地一线光使得女孩服饰的肌理与衣纹得以展现：羽毛的领子、皮质的披肩以及棉麻的长袍（图5-26）。

图5-26 时装画作品26（作者：程龙）

## 第六节
# 时装画作品赏析·类型六

**赏析**：作者以淡彩的表现形式塑造了一个具有画面感和故事性的作品。人物和延伸到远处的石头的排列具有节奏感（图5-27）。

**赏析**：衣服的灵感来源折伞作为背景与人物的服装形成呼应，整个画面充满一种淡淡的调子（图5-28）。

图5-27 时装画作品27（作者：申柳潇）

图5-28 时装画作品28（作者：申柳潇）

赏析：背景的处理与服装的质感形成一种呼应（图5-29）。

图5-29 时装画作品29（作者：关尔嘉）

赏析：中国画的技法被运用到此幅作品中，与其所表现的传统服饰形成呼应（图5-30）。

图5-30 时装画作品30（作者：张曼）

赏析：清新的色调体现出服装面料的柔和质感（图5-31）。

图5-31 时装画作品31（作者：覃凤婷）

# 第七节
# 时装画作品赏析·类型七

赏析：红色的背景处理突出了主体人物以及人物身上的立体龙鳞的装饰，左腿上丝袜的图案也与龙鳞的装饰形成呼应（图5-32）。

赏析：作者以较为纯熟的技巧将服装上的不同面料、不同颜色、不同纹样描绘出来，人物动态的选择和头部的处理也很到位（图5-33）。

图5-32 时装画作品32（作者：赵朋）

图5-33 时装画作品33（作者：张文珊）

**赏析**：对服装色彩的把握与不同质感面料的肌理处理是这幅作品的特色（图5-34）。

**图5-34** 时装画作品34（作者：赵朋）

**赏析**：人物形象、动态、色彩与图案的呼应形成了这五款服装的系列感（图5-35）。

**图5-35** 时装画作品35（作者：赵朋）

## 第八节
# 时装画作品赏析·类型八

**赏析**：全部以线条勾勒的形式突出了衣服的特色，背景水墨的色块起到烘托主体的作用。丝袜的淡墨处理使得整体画面达到一种稳定的平衡。头发与镜片的砖红色在色彩上起到点缀的作用（图5-36）。

**赏析**：对服装里面的质感层次处理是此幅作品的特点（图5-37）。

图5-36 时装画作品36（作者：刘睿佳）

图5-37 时装画作品37（作者：王凯）

**赏析**：以反转、镜像的方式来设计两个人物模特的构图是这幅作品最大的特点（图5-38）。

图5-38 时装画作品38（作者：李静然）

**赏析**：看似杂乱的线条与阴阳的面部处理塑造出一种奇妙诡异的画面效果。此幅作品为时装画大赛获奖作品（图5-39）。

图5-39 时装画作品39（作者：吴仝）

## 第九节
# 时装画作品赏析·类型九

赏析：微妙的色彩关系、奇异的造型打造了一个服装与童话交织的世界（图5-40）。

图5-40 时装画作品40（作者：许若）

赏析：对色彩和细节的处理是这幅作品的精彩之处（图5-41）。

图5-41 时装画作品41（作者：刘睿佳）

赏析：衣服上的绿色和树枝、云朵的绿色形成一种呼应，但又存在色相以及透明度上的不同。造型上的卡通化打造了一个童话的世界（图5-42）。

图5-42 时装画作品42（作者：率菲）

## 第十节
# 时装画作品赏析·类型十

**赏析：**作者把描绘的重点放在对服饰上装饰花卉的肌理处理上（图5-43）。

**赏析：**此幅作品用花卉遮挡了人物的半个面孔，在技法上用的是平涂的方式（图5-44）。

图5-43 时装画作品43（作者：谢银平）

图5-44 时装画作品44（作者：谢银平）

## 第十一节
# 时装画作品赏析·类型十一

赏析：此幅作品运用了彩铅、水粉与水墨三种工具，色彩丰富的重点描绘的人物五官与淡墨勾勒的衣服简洁线条形成对比（图5-45）。

赏析：此幅是以铅笔和国画色彩在素描纸上钩线与着色的作品，上衣、头发与帽子构成三大色块（图5-46）。

图5-45 时装画作品45（作者：周梦）

图5-46 时装画作品46（作者：周梦）

**赏析**：此幅作品运用了水墨与电脑相结合的技法，以墨勾勒的眼部与发丝具有随意性，用电脑绘图的头饰具有很强的装饰性，两者形成反差（图5-47）。

**图5-47** 时装画作品47（作者：周梦）

## 本章小结

◎ 通过对数十幅例画的学习，学生要对不同种类以及不同表达重点的时装绘画类型有基本的了解，对如何艺术地表现时装作品有自己的理解与体悟。

◎ 时装绘画艺术的表现形式多样，可以从服饰本身入手，可以从人物与服饰的关系入手，可以从服饰的细节入手，可以从人物服饰之间的色彩关系入手，也可以从画面的意境入手。无论从哪种方式入手，都应该是在熟练掌握了第一章、第二章、第三章相关内容的基础之上的灵活运用。

## 思考题

1. 在进行时装绘画时，哪些要素是需要优先考虑的？
2. 一幅成功的时装绘画作品有哪些方面组成？

# 参考文献

[1] Bill Thames. 美国时装画技法 [M]. 白湘文，赵惠群，译. 北京：中国轻工业出版社，1998.

[2] 马丁·道伯尔. 新锐时装插画 [M]. 北京：中国轻工业出版社，2006.

[3] 凯利·布莱克曼. 20世纪世界时装绘画图典 [M]. 上海：上海人民美术出版社，2008.

[4] 邹游. 时装画技法 [M]. 北京：中国纺织出版社，2009.

[5] 王悦. 时装画技法——手绘表现技能全程训练 [M]. 上海：东华大学出版社，2010.

[6] 曹建中. 时装效果图与时装画 [M]. 重庆：西南师范大学出版社，2011.

[7] 贝珊·莫里斯. 英国实用时装画 [M]. 赵妍，麻湘萍，译. 北京：中国纺织出版社，2011.

[8] 赖尔德·波莱丽. 国际大师时装画 [M]. 张翎译. 北京：中国纺织出版社，2012.

[9] 刘笑妍. 绘本：时装绘画手绘表现技法 [M]. 北京：中国纺织出版社，2013.

[10] 紫图大师图典编辑部. 比亚兹莱大师图典 [M]. 西安：陕西师范大学出版社，2003.

[11] 紫图大师图典编辑部. 新艺术运动大师图典 [M]. 西安：陕西师范大学出版社，2003.

[12] 紫图大师图典编辑部. 装饰艺术运动大师图典 [M]. 西安：陕西师范大学出版社，2003.

[13] 紫图大师图典编辑部. 唯美主义大师图典 [M]. 西安：陕西师范大学出版社，2003.

[14] 西尔维·尼桑，万桑·勒莱. 勒内·格鲁瓦的第一世纪 [M]. 治棋，译. 北京：中国旅游出版社，2011.

[15] 澜工. 唯美主义大师图典. 西安：陕西师范大学出版社，2003.

[16] 李当歧. 西洋服装史（第2版）. 北京：高等教育出版社，2005.

# 后　记

这本书的选题缘起于一个偶然：我在教授服装专业设计课程时，发现学生对如何将时装画进行艺术表达存在着这样或那样的困惑，而就其实质而言，这个困惑就是怎样将“胸中之竹”转化为“手中之竹”的实现过程，于是就有了将自己的一些教学体悟进行梳理完善的想法。此书就是针对时装绘画的艺术表现问题所编写的专业教材，旨在通过三大板块五章的内容逐步解决学生对时装绘画的认知、眼界与动手的能力，最终使其达到可以进行自主创作的艺术表现阶段。

本书的编写得到郭慧娟女士、金昊女士的支持和帮助，为本书提出了宝贵而中肯的意见，使得本书得以顺利完稿；感谢策划编辑孙成成女士在编辑过程中的认真与敬业；我的研究生黄梓桐承担了为本书收集整理资料的工作，在此向她们表达我诚挚的谢意。

感谢中央美术学院时装专业优秀硕士毕业生、时装设计师赵伟伟为本书提供了他精彩的时装绘画作品。本书中除赵伟伟和我的作品外，其余范画均为学生在我课堂上的课程作业，这些作品在一定程度上体现了我的教学理念及教学效果，感谢这些可爱的学生，他们是：高雅、黄梓桐、胡忠潮、申柳潇、刘睿佳、赵朋、邓睿、程龙、梁璐瑶、覃凤婷、幺红梅、许若、俞梁正、关尔嘉、谢银平、张曼、李晨熙、率菲、闫梦颖、王笑谈、刘素倩、王凯、陈东来、张静、薛立静、李静然、王贤斌、吴仝、时杭、张文珊、王昕雨、刘旭远和齐迪。

由于个人认知与学识水平所限，本书还存在很多不足有待完善，恳请各位读者不吝赐教。

周梦<br>2016年3月